존 배로
John D. Barrow

영국의 수학자, 이론물리학자, 우주론 학자. 케임브리지 대학교의
응용수학 및 이론물리학 교수이자 밀레니엄 수학 프로젝트의 책임
자였다. 1952년 영국 런던에서 태어나 더럼 대학교 수학과와 물리
학과를 거쳐 옥스퍼드 대학교에서 천체물리학 박사학위를 받았다.
케임브리  쳐 그레섬 대학
교에서 ⬛ ⬛ 밀학회 회원이었
으며 유 ⬛ ⬛ 3립학회 마이클
패러데이 ⬛ ⬛ ⬛ 금메달(2016),
주세페 오 ⬛ ⬛ ⬛ ⬛ ⬛ ⬛.
여러 저널에 학술논문을 포함하여 500여 편의 글을 썼으며, 일반
독자들을 위한 대중서도 22권 집필하였다. 한국에 소개된 저서로
는 《무한으로 가는 안내서》《우주의 기원》《우주, 진화하는 미술
관》《무영진공》과 〈일상적이지만 절대적인 수학 지식 100〉 시리즈
등이 있다. 그는 희곡을 집필하기도 했는데, 〈무한Infinities〉이라는
작품은 밀라노, 발렌시아 등에서 상연되었으며 2002년 이탈리아
연극상을 수상하였다. 이 책은 2020년 타계한 그의 마지막 책이다.

옮긴이 김희봉　　연세대학교 물리학과를 졸업하고 동 대학원에
서 물리학을 전공했다. 주로 과학 분야의 책을 번역하고 있다. 번
역서로 《엔리코 페르미, 모든 것을 알았던 마지막 사람》《$E=mc^2$》
《파인만 씨, 농담도 잘하시네!》 등이 있다.

감수 김민형　　에든버러 대학교 수리과학 석좌교수, 에든버러 국
제수리과학연구소장, 한국고등과학원 석학교수. 옥스퍼드 대학교
수학과 교수와 워릭 대학교 수학 대중화 석좌교수를 지냈다. 저서
로 《수학이 필요한 순간》《다시, 수학이 필요한 순간》《역사를 품은
수학, 수학을 품은 역사》 등이 있다.

1 더하기 1은 2인가

1 더하기 1은 2인가

가장 단순한 수식으로 묻는 수학의 본질

존 배로
김희봉 옮김
김민형 감수

1 + 1 = 2

김영사

1 더하기 1은 2인가

1판 1쇄 발행 2022. 1. 31.
1판 2쇄 발행 2022. 11. 1.

지은이 존 배로
옮긴이 김희봉
감수 김민형

발행인 고세규
편집 임솜이 **디자인** 지은혜
발행처 김영사
등록 1979년 5월 17일 (제406-2003-036호)
주소 경기도 파주시 문발로 197(문발동) 우편번호 10881
전화 마케팅부 031)955-3100, 편집부 031)955-3200 | 팩스 031)955-3111

값은 뒤표지에 있습니다.
ISBN 978-89-349-5130-8 93410

홈페이지 www.gimmyoung.com   **블로그** blog.naver.com/gybook
인스타그램 instagram.com/gimmyoung   **이메일** bestbook@gimmyoung.com

좋은 독자가 좋은 책을 만듭니다.
김영사는 독자 여러분의 의견에 항상 귀 기울이고 있습니다.

만들고 셈하고 놀이하는 스티븐에게

사람들이 수학이 단순하다는 걸 믿지 못한다면,
그건 오로지 인생이 얼마나 복잡한지 깨닫지 못했기 때문이다.

존 폰 노이만

감수의 말

우주 과학자의 마지막 질문

"여러분이 지금 읽으려는 책은 제가 마지막으로 쓴 책이고, 저는 이제 더 이상은 쓰지 못할 것 같습니다." 이 책 머리말의 첫 문장이다. 책이 출판된 지 얼마 후인 2020년 9월에 저자 존 배로는 작고했다.

몇 년 전에 내 철학자 친구 랄프 바더는 나에게 '1＋1＝2의 정확한 의미를 파악하면 수학이 무엇인지 알 수 있다'고 주장했다. 나는 동의하지 않았고 나와 그 친구 사이에서 이루어진 선의의 논쟁은 우리 둘 다 머튼 칼리지를 떠날 때까지 계속됐다. '수학이란 무엇인가'라는 질문은 이 책 마지막 장의 제목이고, 책 전체의 핵심 주제이기도 하다. 이 너무나 어려운 질문의 답에 접근하기 위해서 저자는 책 전체를 통해 수학철학 개론을 전반적으로 그리고 독창적으로 설명해나간다. 그 과정에서 그는 자연수의 공리화, 수학의 집합론적 모델, 화이트헤드와 러셀의 기초론, 무한대의 산술 이론, 괴델의 불완전성 정리 등 수학적 실존의 현대 탐구사를 개괄적으로 돌아본다. 이런 내용이 읽기 쉽다고 할 수는 없다. 나오는 토픽 중 다수는 까다로운 이론을 간략하게 다룸으로써 독자에게 상당히 깊은 집중을 요구하기도 한다. 그래서 이 책은 자세한 설명을 의도한 교재라기보다는 중요한 개념의 세계로 호기심 많은 독자를 초대하는 입문서라고 보는 것이 합당하다. 그러나 다수의 대중 과학 서적과 다르게 이 책은 근사한 언어를 구사하여 독자가 이해했다고 착각하게끔 유도하는 지름길을 피해간다. 오히려 처음부터 끝까지 진지한 사색과 되새김을 강권하면서 스스로 사고하고 공부할 마음가짐이 있는 독자로 하여금 우주 과학자가 생각하는 수학 세계의 기반을 경험하게 만든다.

존 배로의 학문적인 배경은 우주론이다. 우주의 거시적인 구조에 대한 연구가 주 관심사였고, 특히 아인슈타인의 일반상대성이론을 변형한 '개량 중력장론'을 제안했다. 또 그는 우주론의 철학적 측면에 정면 도전하기 좋아했던 것으로 유명해서 2006년에는 영적인 문제와 과학의 접점에서 인간 존재와 가치에 대한 이해를 증진시킨 인물의 업적을 기리는 템플턴상을 수상했다. 엄청나게 생산적인 학자였던 배로는 학술 논문만 500편 이상을 쓰고, 과학의 대중화에 대한 깊은 관심을 바탕으로 일반인을 위한 책을 22권 집필했다.

출판사로부터 이 책의 감수를 맡아달라는 부탁을 받고 나서 나는 상당히 궁금했다. 어떤 이유로 배로는 인생의 마지막 저서를 이런 주제로 쓴 것일까? 흥미로운 것은 천문학과 우주론으로 학문적 커리어를 시작한 배로가 인생 말년에 '1 더하기 1은 2인가'라는 원초적인 질문에 도달했다는 점이었다. 맥스 테그마크 같은 우주론 학자는 모든 존재가 하나의 수학적 구조라는 제안을 한다. 사실 기초물리를 연구하는 사람이라면 누구라도 이런 의혹을 완전히 피하기는 힘들다. 가령 모든 물질이 소립자로 이루어져 있다고 하지만 소립자가 무엇이냐고 물으면 특정한 수학적 구조로밖에 표현할 수 없기 때문이다. 수리물리학자 로저 펜로즈는 구체적으로 "전자가 무엇인지 명료하게 설명하려면 '디랙 방정식의 해'라는 식으로밖에 표현할 길이 없다"라고 말했을 정도다.

즉, 물리학자에게 수학적 구조의 정체성 문제는 좋든 싫든 집요하게 다가온다. 그래서 '우주란 무엇인가'라는 질문으로부터 출발한 저자는 자연스럽게 '수학이란 무엇인가'를 묻다가 시간이 지나면서 결국 '1 더하기 1은 어째서 2인가'로 탐구가 귀결되었다는 인상이 책의 구성에 전체적으로 스며들어 있다.

수학철학의 현대사에 대한 담론 끝에 마지막 장에

나오는 명상은 다소 불만스럽다고도 할 수 있다. 수학의 효율성을 '비합리적'이라고까지 생각한 유진 위그너의 말, 그리고 현실과 부합되는 게임으로서의 수학을 묘사한 폴 디랙의 말을 인용하다가 책은 꽤 갑작스럽게 끝나버린다. 서문에서 암시되었듯이 저자의 건강 상태가 악화했을 것이라고 짐작할 수 있다. 그러나 나로서는 일종의 결론을 원하는 고집스러운 독자의 입장을 취하면서 아쉬워하기도 했다. 그런데 다른 한편으로는 일종의 미완성품이라는 인상이 책의 미스터리를 증진시키면서 우화 속의 수수께끼처럼 저자의 궁극적인 의도를 알아내고 싶은 마음을 강하게 자극한다.

책의 요점이 무엇인지 파악할 수 있는 실마리가 어쩌면 저자의 또 다른 책 《세상 속의 세상The World Within the World》(1988)에 들어 있는 것 같기도 하다. 그 책에 '배로의 불확실성 원리'로 알려진 제안이 나온다. '이해 가능할 정도로 단순한 우주는 그 우주를 이해할 만큼 고등한 두뇌를 포함할 수 없다.' 존 배로답게 기발하면서 이 책에서 중요한 역할을 하는 괴델의 불완전성 정리를 연상케 하는 문장이다. 언젠가 우리는 존재의 미스터리를 이해하게 될까? 우주론을 공부하는 사람은 누구나 이 질문을 마음속 어딘가에 품고 있을 것이다. '1 더하기 1은 2'라는 명제의 의미도 완전히 파악하지 못하는 인류의 인지력으로는 어려울 것이라는 의심이 저자의 생애 마지막 생각이었다는 인상이다.

2021년 12월 에든버러에서

김민형

머리말

여러분이 지금 읽으려는 책은 제가 마지막으로 쓴 책이고, 저는 이제 더 이상은 쓰지 못할 것 같습니다. 이 책에서 저는 수에 대해 중요한 몇 가지를 말하려고 합니다. 많은 사람들은 $1+1=2$와 같은 연산이 너무나 단순해서 특별히 주의를 기울일 이유가 없다고 생각합니다. 하지만 우리는 이 기초적인 연산의 복잡한 면을 탐구하려고 합니다. 우리는 서로 다른 사물을 더할 때 생기는 미묘한 난점에 대해 알아볼 것입니다. 이 문제를 다룬 19세기와 20세기의 가장 위대한 수학자들에 대해서도 살펴볼 것이며, 그들이 이 문제를 풀고 덧셈을 명료하게 이해하기 위해 어떤 생각을 했는지도 알아보겠습니다. 무한에 대해서도 알아보고, 무한을 더하는 법을 배워보며, 무한이 수학의 대상으로 적합한지에 대한 논쟁도 살펴볼 것입니다. 괴델의 유명한 불완전성 정리를 공부하고, 마지막으로 수학이란 도대체 무엇인지에 대한 격렬한 논쟁에 대해서도 알아보겠습니다. 수학은 우리가 발견한 것일까요, 발명한 것일까요? 그러나 이 질문을 던지기에 앞서 우리는 먼 옛날로 돌아가서 수를 세는 여러 가지 방식의 발전에 대해서 알아볼 것입니다. 하나에서 시작해 하나를 더해서 둘을 만드는 과정에 대해 알아봅니다. 옛날 사람들은 이 과정을 어떻게 발전시켰을까요? 우리는 이 책에서 사람들이 수를 세는 방식을 문화마다 다르게 발전시켰다는 것을 알고, 하나와 둘을 세는 방식이 결국 십진법으로 수렴했으며, 열 손가락을 사용했기 때문에 이렇게 되었다는 것을 이해할 수 있을 것입니다. 또한 하나와 둘이 가진 예상하기 어려운 성질을 살펴볼 텐데, 이를 통해 사이먼 뉴컴이 최초로 발견했지만 지금은 '벤포드 법칙'으로 알려져 있는 이 성질이 어떻게 나타나는지도 알 수 있을 것입니다.

우리가 헤아릴 수 있는 것이 숫자만 있는 것은 아닙니다. 사람이 훨씬 더 중요합니다. 내가 헤아릴 수 있는 가장 소중한 이들이 있습니다. 아내 엘리자베스는 나와 결혼한 지 45년이 지났지만, 우리는 55년 전부터 알고 지낸 사이입니다. 나의 아들 데이비드와 며느리 엠마, 로저와 며느리 소피, 딸 루이즈와 사위 스티븐, 그리고 손주 틸리, 다르시, 말러, 가이, 포피도 있습니다.

우리를 도와주고 어려운 시기에 지치는 기색 없이

도와준 아들 로저에게 특별히 고마움을 전합니다. 이 책의 집필부터 번역에 이르기까지 다른 수학자들과 함께 도와준 피노와 조에게도 특별한 감사의 말을 전하고 싶습니다. 그들이 아니었으면 이 책을 쓰지 못했을 것입니다. 이들 모두를 신께서 축복해주시기를 빕니다.

"큰 바위로 강물이 나뉘듯이 우리는 지금 헤어지지만, 결국 우리가 다시 만날 것임을 나는 압니다."(아서 웨일리 편,《한시 170수A Hundred and Seventy Chinese Poems》에서)

존 배로

차례

1+1은 진짜로 어려울까?

하나는 하나, 완전히 혼자이고
언제까지나 그럴 거야.
—
영국 민요 〈초록이 마구 자라네〉

초등학교 1학년 때, 우리 모두는 생애 최초의 공식을 만난다. 1+1=2. 이것이 이 책의 주제이다. 이것은 수학 교육의 첫걸음이다. 1+1=2에 대해 할 수 있는 말이 얼마나 될까? 이것은 너무 뻔한 말이 아닐까? 단순히 '2'의 의미에 대한 정의일 뿐이 아닌가? 그러나 처음으로 이 공식에 대해 좀 더 생각해보면, 이것이 무엇을 말하는지가 그리 뻔하지 않다. 배 하나 더하기 사과 하나는 무엇일까? 무엇의 둘일까? 이것은 배 두 개나 사과 두 개가 아니다. 이것은 그냥 두 개인가? 기호 '+'와 '='는 무엇인가? 이것들은 진짜로 무슨 뜻일까? 똑같은 파동 둘을 더하는데 둘의 위상이 정반대이면, 파동 하나의 마루가 다른 파동의 골과 일치해서 영이 된다. 파동 두 개가 되지 않는 것이다. 영에 영을 더하면 영이 둘이고, 이것은 영이다. 무한에 무한을 더하면 무한이 된다. 이것들의 합은 하나에 하나를 더해서 같은 것이 둘이 되는 패턴을 따르지 않는다. 사물은 의외로 단순하지 않다. 하나를 두 번 더해서 둘이 되는 데는 어떤 규칙이 있어야 할 것 같다.

모든 셈('셈'은 일반적으로 계산을 뜻하지만, 이 책에서는 '수 세기counting'의 뜻으로 사용했다—옮긴이) 체계와 여기에서 자라난 모든 과학과 기술의 제국은 결국 하나에 하나를 더하는 것에서 시작된 셈 체계에서 나온다. 이러한 원시적인 셈 체계들 중의 많은 것이 '하나'를 계속 더해나가고, 손가락과 발가락을 이용해서 기억하기 쉽도록 5와 10의 단위로, 또는 20의 단위로 묶는 정도 이상으로는 결코 더 나가지 않는다. 영어 같은 언어에서는 둘을 뜻하는 수많은 단어들이 있어서, 2가 얼마나 특별한 지위를 누리는지 잘 드러난다. pair, duo, brace, double, twin, duet, couple, yoke, twosome, dyad, tandem, duplet, twain과 같은 단어들이 모두 특정한 사물의 둘을 나타낸다. 예를 들어 영어에서 꿩 두 마리를 brace, 소 두 마리를 yoke라고 하며, 장갑 한 pair(켤레), 무용수 한 couple(쌍)이라고 하지만 신발을 한 brace라고 하거나 장갑을 한 couple이라고 하지는 않는다. 이것은 둘을 나타내는 단어가 본래 그것을 세는 특정한 물건과 연결되어 있었음을 보여준다. 더 올라가면 셋을 가리키는 특정한 단어도 있다. threesome, triplet, trio처럼 말이다. 그러나 더 위로 올라가면 이런 명사는 없어진다. 7이나 11에 대해서는 이런 단어가 없다. 그리고 유럽 언어에서 나타나는 '하나'와 '첫째', '둘'과 '둘째'와 같은 관계는 영어, 프랑스어, 독일어, 이탈리아어 등에서 볼 수 있다. 각 언어에서 이 둘은 서로 관련이 없지만, '셋'과 '셋째', '넷'과 '넷째'를 보면 서로 밀접한 관련이 있거나 서로에게서 파생되었다는 것을 알 수 있다. 아래와 같은 처음 넷까지의 패턴이 핵심을 잘 보여준다.

- 영어: one/first, two/second, three/third, four/fourth, …

- 프랑스어: un/premier, deux/second(또는 deuxième), trois/troisième, quatre/quatrième, …

- 독일어: ein/erste, zwei/ander(또는 zweite), drei/dritter, vier/vierte, …

- 이탈리아어: uno/primo, due/secondo, tre/terzo, quattro/quarto, …

우리가 아는 모든 인도유럽 언어에서, '4'보다 큰 수는 그것이 세는 물건에 따라 형태가 변하는 형용사로 취급되지 않는다. 이것은 '하나'와 '둘'의 개념이 더 큰 수들의 개념보다 훨씬 오래되었음을 나타낸다. 어쩌면 이것은 우리가 1, 2, 3, 4, 어쩌면 5개까지는 한 덩어리로, 머리를 쓰거나 물리적으로 하나하나 세지 않고도 바로 알 수 있는 능력과 관련되어 있을 것이다. 수가 더 많아지면 우리는 몇 개인지 바로 알아내지 못하고 하나씩 세어야 한다. 일일이 세지 않으려면 전화번호를 세 자리나 네 자리씩 떼어서 기억하듯이 작은 덩어리로 나눠서 단기 기억을 활용해야 한다. 이렇게 나눠서 기억하는 것은 어쩌면 우리 손이 네 손가락finger(영어에서는 'four fingers and a thumb'라는 표현에서도 엿볼 수 있듯이 손가락에서 엄지를 제외하기도 한다—옮긴이)이어서 그런 것일 수 있다. 실제로 여러 고대 문명에서는 '손등 폭handbreadth'이라는 길이 단위를 사용했는데, 이것은 네 손가락의 폭과 같다. 또한 한 자리 수를 뜻하는 영어 단어 '디지트digit'는 손가락을 뜻하기도 한다. 손가락은 위스키 같은 증류주를 주문할 때 사용하는 단위로도 사용된다. 위스키 한 '손가락finger'은 잔 바닥을 감싸쥔 한 손가락 폭의 높이로 잔을 채운 양이다.

현대에는 밑이 다른 셈 체계도 사용하는데, 특히 컴퓨터 언어에서 사용하는 이진법이 있다. 이진법에서는 1+1이 어떻게 이루어질까?

수학철학자들은 이 단순한 공식의 의미를 더 깊이 탐구했다. 그들은 수를 정의하는 공리와 덧셈을 정의하는 공리로부터 $1+1=2$를 증명할 수 있는지 질문했다. 버트런드 러셀과 그의 스승 알프레드 노스 화이트헤드가 쓴 고전《수학 원리Principia Mathematica》는 세 권으로 이루어져서 모두 2,000페이지나 되는데, 수백 페이지가 지난 다음에야 $1+1=2$를 증명한다.* $1+1=2$를 증명한 뒤에, 저자들은 맥이 빠지는 말투로 이렇게 썼다. "이 명제는 가끔 유용하다." 나중에 6장에서 이 증명을 살펴볼 것이며, 수리논리학을 모르는 독자들이 이해할 수 있는 말로 설명할 것이다. 철학자들은 이 공식이 단지 '2' 또는 '+'의 정의인지, 아니면 (다른 모든 수학과 함께) 우리가 발견한 것인지, 단순히 우리가 만들어낸 것인지에 대해 아직도 논쟁하고 있다. 여기에 대해서는 10장에서 살펴보겠다.

가벼운 이야기로, 작은 수를 단순하게 이용하는 예를 살펴보자. 축구 대회에서는 이기면 승점 2점 또는 3점을 주고, 지면 0점, 비기면 두 팀에게 모두 1점을 준다. 요즘처럼 이긴 팀에게 3점을 주도록 바꾼 다음부터는 점수 산정에 조금 어설픈 점이 있다. 승패가 갈린 게임에서는 승자에게 3점을, 패자에게 0점을 주어서 총

---

*   이 증명은 2권 83쪽에서 시작되며, 명제 110·643이라는 번호가 붙어 있다.

3점을 나눠주게 된다. 그러나 무승부인 게임에서는 두 팀 모두 1점씩 받아서, 나눠주는 점수는 총 2점뿐이다. 이긴 팀에게 2점을 주는 예전의 체계에서는, 어떤 결과가 나와도 한 게임을 할 때마다 나눠주는 점수는 모두 2점이다. 리그가 아직 끝나지 않았을 때 어떤 팀이 남은 게임에서 승점을 얼마나 얻을지에 대한 예상은, 승점이 3점인지 2점인지에 따라 달라진다. 한 팀이 얻을 수 있는 최대 승점은 현재의 승점에 남은 게임에서 모두 이겼을 때의 승점을 더한 것이라고 대개 말한다. 선수들, 감독들, 기자들이 모두 이러한 단순한 추론을 이용한다. 그러나 특정한 한 팀의 잔여 경기의 결과에 따라 벌어지는 복잡한 관계의 미로를 전부 고려한다면 어떻게 될까? 예전의 방식대로 승부가 나건 무승부가 되건 모든 경기에 대해 똑같이 승점을 2점씩 준다면 각 팀이 현재 얻은 승점을 기준으로 얻을 수 있는 점수를 예측할 수 있다. 그러나 이긴 팀에게 3점을 주게 되면, 게임마다 승점이 3점이 되거나 2점이 된다는 것만으로도 복잡성이 커져서 특정한 팀이 얻을 수 있는 승점을 계산으로 예측하기가 불가능해진다.* 경기마다

---

*   전문 용어로 이것을 P-NP 문제라고 한다.

할당되는 점수가 두 가지가 되기 때문에 가능한 미래의 경우의 수가 너무 많아지는 것이다.

독자들의 입맛을 돋우는 또 한 가지 역설이 있다. 다음과 같은 무한급수를 생각하자.

$$S = 1 - 1 + 1 - 1 + 1 - 1 + \cdots$$

이 급수는 영원히 계속된다.

얼핏 보면 S의 값이 0이 될 것 같다. 다음과 같이 두 개씩 괄호로 묶으면 각각의 괄호가 0이 되기 때문이다.

$$S = (1-1) + (1-1) + (1-1) + \cdots$$

이제 S를 두 번 더하면, 이것은 2S와 같아야 한다.

$$2S = 1 - 1 + 1 - 1 + 1 - 1 + \cdots + 1 - 1 + 1 - 1 + 1 - 1 + \cdots$$

그러나 S를 두 번 더해서 얻은 급수도 사실은 S와 같으므로, 다음과 같은 것이 증명된다.

$$2S = S, \text{ 따라서 } 2 = 1. \ (*)$$

공리 체계에서 논리적 모순이 하나라도 있으면 이것을 사용해서 모든 것이 참이라고 증명할 수 있기 때문에 모든 산술이 무너진다. 버트런드 러셀의 강연에서 어떤 학생이 2=1이 참이라면 모든 것이 참이라고 증명할 수 있다는 말을 수긍하지 못해서, 러셀에게 러셀 자신이 교황임을 증명해보라고 했다. 러셀은 주저하지 않고 이렇게 대답했다. "나와 교황만 포함하는 집합이 있다고 하자. 이 집합의 원소는 둘이다. 그러나 2=1이므로, 이 집합의 원소는 하나뿐이다. 따라서 나는 교황이다." 어쩐지 이상하다. (*) 표시한 방정식의 추론에 뭔가 잘못이 있다. 그런데 이것은 $S+S$의 형태로 나타낸 $1+1$의 한 예일 뿐이다. $S+S$는 또한 $4S$이기도 하며($S=2S$이므로), 따라서 $1+1=4$도 될 수 있을 것 같다. 정말로 이상하지 않은가? 일단 계속 읽어보자!

2

손가락과 발가락

셈의 기원

"하나만 묻겠습니다. 교회가 선생님에게 '둘 더하기 셋은 열'
이라고 말한다면, 어떻게 하시겠습니까?" 그는 이렇게 대답
했다. "저는 교회의 말을 믿으니까, 이렇게 세면 됩니다. 하나,
둘, 셋, 넷, 열." 그의 대답은 정말로 만족스러웠다.

—

제임스 보즈웰,
《보즈웰, 네덜란드에서Boswell in Holland 1763-1764》에서

수를 세는 능력은 인간의 특성들 중에서 말을 배우는 능력 다음으로 가장 보편적이다. 언어는 진화 과정에 의해 뇌에 미리 프로그래밍된 것 같다. 놈 촘스키가 처음으로 제안한 이 생각에 따르면, 태어나자마자 외부 환경을 처음으로 받아들이면서 말을 배우고, 말을 배우는 과정에서 뇌에 미리 내장되어 있는 언어에 관련된 스위치가 켜진다. 이 견해는 우리가 아주 어렸을 때부터 익히거나 배울 수 있는 것보다 더 많은 것을 아는 것처럼 보이는 것과 같은 이상한 일들을 설명할 수 있다. 많은 것들이 뇌에 이미 들어 있어서, 켜지기만을 기다린다는 것이다.

수에 대한 감각도 언어와 같은지에 대해서는 여러 가지 추측이 있다. 그러나 묘기에 가까운 정교한 언어 능력에 비해 수에 대한 감각은 매우 초보적이어서, 인간은 생활의 필요 때문에, 혹은 몸의 생김새를 보고 수를 익히는 것일 가능성이 훨씬 더 크다. 우리의 몸에는 손 하나에 다섯 손가락이 있고, 두 손에 열 손가락이 있고, 두 발의 발가락까지 합치면 모두 20개가 있다.

오랜 옛날에는 세계 도처에서 '둘씩 셈하기'라는 셈법이 나타났다. 이 셈법에서는 '하나'와 '둘'이라는 표지만을 사용하며, 이것들을 더해서 더 큰 양을 만들었다. 이 단순한 체계에서는 둘보다 더 큰 양을 'afar' 또는 'trans'라고 불렀다. 라틴어에서 'trans'가 '넘어서'라는 뜻이고 'tres'가 '셋'을 뜻하는 것은 이러한 원시적인 셈법의 흔적이다. 프랑스어에도 이러한 흔적이 남아 있어서, 'tres'가 '매우very'라는 뜻이고 'trois'는 '3'을 뜻한다. 특히 아프리카의 일부와 남아메리카, 뉴기니에서는 단순 반복으로 큰 수를 만드는 제한된 이진법이 사용된다. 예를 들어 3은 '둘-하나', 4는 '둘-둘', 5는 '둘-둘-하나'와 같이 나타낸다. 일반적으로 이러한 패턴이 무제한적으로 계속 확장되지는 않는데, 그 이유는 명확하다. 이 체계에서는 '둘-둘'과 '둘-둘-하나' 같은 조합이 별개의 것으로 구별되지 않기 때문이다. 이러한 조합들은 요소들을 그저 이어 붙인 것으로 인지될 뿐이고, 더 이상의 확장은 일어나지 않는다. 지식과 추상화 능력이 더 발전하려면 더 큰 개념적 도약이 있어야 했고, 먼 옛날의 세계에서 이러한 도약은 일부 지역에서만 일어났다.

수	일반	납작한 것	둥근 것	사람	긴 것	카누	치수
1	기약	각	게랄	쿨	콰우츠칸	카마엣	칼
2	텝괏	텝쿠앗	고우펠	텝콰달	가옵스칸	갈필특	굴벨

표 2.1.
침산족이 수를 셀 때 사용하는 용어

그러나 원시 사회에서 진정으로 셈이 있었는지, 다시 말해 원시인들이 오늘날 우리가 생각하는 의미의 1+1과 같은 덧셈을 사용했는지는 생각해봐야 할 문제이다. 원시 사회의 사람들은 수를 나타내는 단어를 단지 그들이 본 것을 설명하는 형용사로 사용했다. 캐나다 브리티시컬럼비아의 침산어를 사용하는 원주민 Tsimshian들은, 대상의 유형에 따라 수를 가리키는 단어를 다르게 사용한다. 특정한 어떤 사물이 전제되지 않은 일반적인 대화에서 납작한 것, 둥근 것, 사람, 긴 것, 카누와 치수에 대해, 하나와 둘을 가리키는 말은 위의 표와 같다.

위의 표에서 사용된 각각의 단어 자체는 특별히 흥미로울 것이 없다. 그보다는 특정한 물건을 나타내고 구별하는 형용사로 수(더 정확하게는 수를 세는 단어)를 이용한다는 점이 흥미롭다. 유럽 언어에서 현재 수를 가리키는 말은 오래전부터 원래의 형태에서 멀어졌

다. 수를 표현하는 단어보다 수를 나타내는 기호와 그
것들의 조합 규칙이 더 주목을 받으면서, 수를 명사
나 형용사와 엮던 관계들은 수백 년에 걸쳐 사라졌다.
$1+1=2$와 같은 공식이 같은 종류, 예를 들어 둥근 것
들끼리에만 적용된다는 것은 명백하다. 모양이 뒤섞
인 것들은, 예를 들어 둥근 것 하나에 납작한 것 하나를
더해서는 결코 같은 것 두 개가 될 수 없다. 수의 의미
sense가 곧 셈을 가리키는 것은 아니다. 수를 세는 행위
counting가 없으면 산술이 있을 수 없다. $1+1=2$가 주
어지지 않는 것이다. 대부분의 원시 문명에서 수를 사
용하는 방식과 비교했을 때 우리가 수를 사용하는 방
식이 어떻게 변했는지를 이 지점에서 알 수 있다. 오늘
날 우리가 '1'과 '1'을 더할 때는, 딱히 어떤 사물이라
고 정해지지 않은 것이라도 그 비슷한 종류의 다른 것
과 더해서 두 '개'를 얻는다. 그러나 구체적인 물건에
이것을 적용할 때는 더하는 대상을 확실히 같은 종류
로 제한해야 한다. 반면에 원시 문명의 사람들에게는,
물건의 종류마다 하나와 둘에 해당하는 단어가 있어야
했다(그들은 물건의 종류마다 똑같이 성립하는 수의 관계를
같다고 인지하지 못했던 것이다—옮긴이). 그래서 하나와
둘을 가리키는 단어가 물건마다 다르게 사용되었던 것
이다.

옛날에는 각각의 물건들에 대해 성립하는 양들 간의 관계가 결국 같다는 생각에서 출발하는 체계가 존재하지 않았다. 프랜시스 골턴(찰스 다윈의 사촌이며, 우생학을 옹호한 것으로 유명하다—옮긴이)이 120년 전에 시장에서 이루어지던 물물교환을 묘사한 것을 보면 그것을 알 수 있다. 한 번에 하나가 아니라 여러 개를 교환하는 상황이고, 물물교환의 대상은 양¥과 담배다.

물물교환을 할 때는 양을 한 마리마다 따로 지불해야 한다. 예를 들어 담배 두 꾸러미와 양 한 마리를 바꾼다고 하자. 이때 다마라 사람Damara은 양 두 마리를 주고 담배 네 꾸러미를 받는다는 계산에 혼란스러워했다. 내가 경험한 바에 따르면, 그는 먼저 받은 담배 두 꾸러미를 옆에 두고 자기가 팔려고 하는 양 한 마리를 바라보았다. 첫 번째 양에 대해 값을 제대로 받았다는 생각에 흡족했지만, 그는 다른 양에 대한 대가인 담배 두 꾸러미가 또 있는 것을 보고 놀랐고, 수많은 의심으로 혼란스러워했다. 그는 이 거래를 잘 이해하지 못하는 것 같았다. 그는 첫 번째의 담배 두 꾸러미를 보더니 훨씬 더 큰 혼란에 빠져서, 이 양과 저 양을 번갈아 쳐다보았다. 그는 거래를 관두려고 했다. 결국 담배 두 꾸러미를 그의 손에 쥐여주고 양 한 마리를 데려오고, 교환한 것들을 그가 보지 못하는 곳으로 치워둔 다음에 다시 담배 두 꾸러미를 주고 두 번째 양을 데려오면서 거래가 성사되었다.

손가락 셈은 지금까지 알려진 모든 중요한 셈 방식의 뿌리이다. 어떤 사회에서는 몸의 모든 부분을 써서 더하고, 열 손가락 말고도 다른 신체 부위까지 셈에 이용한다. 태평양의 섬사람들이 공통적으로 이런 방식을 사용한다. 그들은 손가락 10개와 발가락 10개에 손목, 팔꿈치, 어깨, 가슴, 발목, 무릎, 엉덩이(모두 33)를 쓰기도 하고, 다른 신체 부위의 조합을 사용해서 총합이 달라지기도 한다. 그러나 그들의 체계는 보편적이고 유용한 셈의 방식으로 발전하지 못했다.

단 하나의 뚜렷한 예외가 손가락 셈을 유용한 셈 체계로 발전시켰다. 원하는 대로 마음껏 큰 수를 쓸 수 있는 이 체계에서는 '5', '10', '20'의 단계를 중간 발판으로 삼는다. 인도에서 유래해서 우리가 요즘 사용하는 십진법은 '10'을 기반으로 하고, 그다음에는 $10 \times 10 = 100, 10 \times 10 \times 10 = 1000$ 등으로 나아간다.

10이 선택된 이유는 물론 우리가 열 손가락을 갖고 있기 때문이다. 한 가지 주목할 만한 예외는 중앙아메리카의 유키Yuki 인디언들이 사용하는, '10'이 아니라

'8'을 기반으로 하는 체계이다. 그러나 그들도 수를 셀 때 손가락을 이용한다. 그들은 손가락이 아니라 손가락 사이를 이용해서 센다. 다른 여러 남아메리카와 중앙아메리카 문화에서는 손가락 사이에 끼우는 실을 이용해서 수를 센다.*

오늘날에도 여전히 여러 가지 방식의 손가락 셈이 사용된다. 영국 사람들은 주먹을 쥐고 셈을 시작하고, 손가락을 하나씩 펴면서 센다. 엄지에서 시작해서 새끼손가락으로 끝내며, 필요하면 다른 손으로 넘어간다. 오스트레일리아와 아시아의 어떤 사람들은 손가락 셈을 할 때 왼손 새끼손가락부터 시작한다. 반대로 일본에서는 손바닥을 편 채로 시작해서 손가락을 하나씩 구부린다. 아메리카의 데네딘제Dene-Dinje족 사람들도 손가락을 굽히는 방법을 사용하며, 손가락 모양을 나타내는 말이 그대로 수를 나타내는 말이 된다. 그들의 언어에서 수를 나타내는 말은 다음과 같다.

---

*   나는 수학자들로 이루어진 청중과 일반 대중에게 왜 '8'이 밑으로 선택되었을지 물어보곤 했다. 아무도 대답하지 못했고, 나중에 초등학생들(열 살까지)에게 강연하면서 그들에게 같은 질문을 했다. 한 어린 소녀가 즉시 바른 답을 했는데, 그 아이는 손가락으로 실뜨기 놀이를 했기 때문에 바로 알아챌 수 있었다.

1 = '한쪽 끝이 굽었다.'(새끼손가락이 반으로 굽었다.)

2 = '한 번 더 굽었다.'(이제 약지가 굽었다.)

3 = '가운데가 굽었다.'(이제 가운뎃손가락이 굽었다.)

4 = '하나만 남았다.'(이제 집게손가락이 굽어서 엄지만 남았다.)

5 = '내 손이 끝났다.'

순수하게 '둘씩 세는' 방식은 아프리카의 쿵산족, 오스트레일리아, 남아메리카에서 찾을 수 있다. 과거에는 분명히 이 방식이 훨씬 더 널리 퍼져 있었다. '둘씩 세는' 방식에서 수를 나타내는 단어를 우리의 방식으로 바꾸면 다음과 같다. 1, 1+1=2, 2+1, 2+2, 2+2+1, 2+2+2, … 이렇게 계속해서 손가락으로 열까지 세면 2+2+2+2+2까지 간다. 수를 나타내는 단어를 만드는 데 '2'에 해당하는 단어가 핵심적인 역할을 한다는 점을 주목해야 한다. 그뿐만 아니라, 둘씩 세는 방식은 셈이 반드시 손가락 셈만으로 시작하지는 않았음을 보여준다. 손가락 셈의 어떤 방식에서는 6에 해당하는 단어로 '5+1'이 있는데, 이것은 둘씩 세는 방식에서 나타나는 2+2+2의 형태와 다르다. 이런 유형의 이진 체계는 기원전 3000년 수메르에서 사용되었지만 나중에 더 강력한 체계에 의해 밀려났다. 2를 기본으로 해서는 큰 수를 세기가 어렵기 때문이다. 둘씩 세는 어떤 방식은 세 가지 단어만으로 수를 센다. '하나', '둘', '많다'라는 말로.*

이러한 원시적이고 단순한 이진법에서 우리가 볼 수 있는 것은 $1+1=2$와 같은 공식을 표기할 수 있는 가능성이며, 이것은 '1'에서 시작해서 위로 올라가는 사다리의 첫걸음이다. 그러나 이것은 아직 우리가 이해하는 것과 같은 산술 체계가 아니며, 모든 양量을 서로 다른 이름으로 부르지 않고 단어의 체계로 양들을 표기하는 것일 뿐이다. 하나, 둘, 셋, 넷, 다섯 등과 같은 말이 사용되지만, 이것들을 결합하는 산술 기호와 규칙은 아직 나타나지 않았다.

마지막으로 우리의 고전적인 공식 $1+1=2$로 돌아와서, 이 모든 기호들이 어디에서 왔는지 살펴보자. 1은 단일한 양을 가리키는 기호였다. 이것은 단순히 한 손가락을 나타내며, 많은 셈 체계에서 사용되었다. 2는

---

* 옛날의 셈법에 관해서는, 나의 전작을 참조하라. J.D. Barrow, *Pi in the Sky*, Oxford UP, 1992.[한국어판은 《수학, 천상의 학문》(박병철 옮김, 경문사, 2004)으로 출간되었다.—옮긴이] 더 짧은 개관은 다음의 책에서 볼 수 있다. J.D. Barrow, *Perché il mondo è matematico?*, Laterza, 1992, 그리고 G. Flegg(ed.), *Numbers Through the Ages*, Macmillan, 1989.

옛날 인도의 셈 체계에서 유래한 기호이다. 이것은 여러 가지 형태로 변천했고, 처음에는 수평의 막대 둘을 나타내는 =('하나들')처럼 보였다. 그러다가 두 막대가 연결되어 'z'가 되었고, 점점 더 일그러져서 2와 같은 모양이 되었지만, 다르게 쓰기도 하고 빠르게 휘갈겨 쓰기도 하면서 지역에 따라 여러 가지 변종과 뒤틀린 형태들이 나타났다. 방정식에 나오는 다른 기호로 +와 =이 있다. 덧셈 기호는 라틴어 단어 et를 빠르게 쓰면서 축약한 형태로, '그리고and'라는 뜻이다. 우리가 사용하는 +기호는 몰타의 십자나 라틴의 십자가 아니라 그리스의 십자이다. 이 십자들은 방향이 서로 다르다. 여기에서 초기 기독교 상징과의 연관성은 명백하다.

뺄셈 기호 −는 m과 m⁻를 축약한 형태이다. 이것들은 둘 다 '마이너스'라는 뜻이었고, 상인들이 짐의 무게에서 용기의 무게를 뺀 값을 가리킬 때 사용한 것으로 보인다. 이 값을 '마이너스' 또는 '테어tare'라고 불렀고, 이는 오늘날의 화물 운송 과정에서도 사용된다. − 기호도 처음에는 통일되지 않아서 −−와 ....를 쓰기도 했고, 심지어 ÷와 :을 쓰기도 했다. 요즘에는 ÷가 나눗셈을 뜻하며, 1651년에 도입된 콜론(쌍점, ':')은 요즘은 비比(단순히 나눗셈이다)의 뜻으로 사용된다. A를 B로

고대 문화	1+1=2를 나타내는 기호
이집트 (신성문자)	Ⅰ과 Ⅰ은 Ⅱ
이집트 (민중문자)	
수메르	Ⅰ과 Ⅰ은 4 (4는 둘을 나타내는 기호이다)
바빌론	V과 V은 V V
그리스	Ⅰ과 Ⅰ은 Ⅱ
중국 (과학)	ㅣ과 ㅣ은 ‖
중국 (전통)	∩과 ∩은 ?
마야	●과 ●은 ● ●
고대 인도 (브라흐미)	−과 −은 =
인도 (힌두)	Ⅰ과 Ⅰ은 Ⅱ
네팔	∩과 ∩은 ? 1과 1은 ر
인도−아랍	1과 1은 2
페루 (키푸) 결승문자	(아래 그림 참조.)
아티카	α과 α은 β
히브리	א과 א은 ב
키릴	a과 a은 б

표 2.2.
1+1=2를 각각의 고대 문화에 따라 그들의 글과 수로 쓴 것(어느 문화에도 +나 =에 해당하는 기호는 없었다).

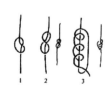 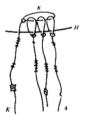

그림 2.1.
페루 키푸 문자의 매듭.

나누는 것을 A:B로 표기한다.

등호 =은 1557년에 영국의 수학자 로버트 레코드 Robert Recorde가 대수에 관한 저서《지혜의 숫돌The Whetstone of Witte》에서 처음 소개했다. 이것은 평행한 두 줄이었는데, 레코드는 '어떤 두 가지도 더 같을 수 없다'는 의미라고 썼다. 그의 기호는 요즘 우리가 사용하는 것보다 더 길어서 '══'처럼 보인다. 그러나 이 규약이 널리 받아들여지기까지는 오랜 시간이 걸렸다. 어떤 수학자들은 '∥' 또는 '‖' 또는 ')=('을 = 대신에 쓰기도 했다. 1456년 이후로 활자가 사용되면서 표준 기호 형식을 결정해야 하는 상황에서도 이런 기호들이 계속 사용되었다. 이것은 이중모음 æ를 빠르게 쓴 것이라고 여겨지는데, 라틴어로 '같다'는 뜻인 æquales를 축약한 표기이다. 레코드의 = 기호는 1618년이 되어서야 인쇄본에 나타난다. 하지만 8년 뒤에도 프랑스의 철학자 르네 데카르트는 여전히 비례 기호 알파 ∝를 등호로 사용하고 =을 덧셈 또는 뺄셈을 나타내는 ±의 의미로 사용했다.

곱셈 기호 × 는 성 안드레아의 십자에서 왔고, 로그*는 존 네이피어가 1614년에 출간한《로그의 놀라운 법칙에 대한 해설Mirifici Logarithmorum Canonis Descriptio》에서 처음 공식적으로 제안되었다. 이러한 +, −, ×, ÷

기호는 세계적으로 모든 사람들이 사용하며, 다른 어떤 언어나 알파벳보다 널리 사용된다.[†]

표 2.2는 1+1=2를 고대의 다양한 셈 체계에 따라 적은 것이다. 어느 문화에도 +와 =를 나타내는 기호는 없어서 합계를 표현하기 위해서는 말이 필요했다.

---

[*] 네이피어의 로그를 사용하면 곱셈이 덧셈으로, 나눗셈이 뺄셈으로 바뀌어서 계산이 간편해진다. A와 B를 곱하고 싶으면, A와 B를 10의 거듭제곱 형태로 쓴다. 그러니까 A=10^a, B=10^b이고, A×B=10^{a+b}=C이다. A와 B에 대해 어떤 값이 a와 b가 되는지를 네이피어의 표에서 찾을 수 있다. 그러므로 C의 값을 알고 싶으면 네이피어의 표를 역으로 사용해서 그 값을 찾아낼 수 있다. 예를 들어 A=2이고 B=3이면 a=0.3010이고 b=0.4771이므로, C=$10^{0.7781}$=6.0이 되어서, 옳은 결과가 나온다. 기계식 계산기나 전자계산기가 나오기 전까지는 힘든 계산을 이런 방식으로 처리했다.

[†] 더 자세한 것은 다음의 책을 참조하라. J.D. Barrow, *The Signs of the Times in Cosmic Imagery*, Bodley Head, London, 2008, p. 295.

3

밑을 바꾸기

비트와 바이트

$$1 + 1 = 10$$

—

이진 산술

산술에서는 모든 수를 따로따로 다루지 않도록 해줄 요소가 필요하다. 이 요소를 산술의 밑이라고 부른다. 우리가 사용하는 밑은 10이며, 이것은 원래 손가락 셈의 습관에서 나왔다. 어떤 고대 문화들은 5나 20을 밑으로 사용했고, 바빌로니아에서는 60도 함께 사용했다. 이 옛 방식의 잔재는 숫자를 가리키는 단어와 특수한 목적으로만 사용하는 셈 체계에 남아 있다. 옛날에는 물건의 개수 따위를 장부 대신에 막대기tally stick에 금을 새겨서 표시했는데, 영어의 '스코어score'라는 단어는 이 막대기에 20을 나타내기 위해 새긴 금에서 유래한 말로, '표식'과 '20'을 둘 다 의미한다. 60이라는 단위는 시간의 초와 분, 그리고 원의 각도 $6 \times 60 = 360$도에 남아 있다. 프랑스어에서 50까지 복합 단어를 쓰다가 60인 'soixante'를 새로운 단어로 나타내는 것 역시 60진법을 받아들인 흔적이다.

오늘날의 모든 발달한 문명들은 인도에서 유래한 십

진법을 사용한다. 인도와 아랍의 나라들과 유럽의 나라들 간에는 공통적으로 사용하던 인도유럽어를 매개로 무역을 비롯한 여러 형태의 교류가 활발했고, 이러한 교류를 통해 십진법이 널리 퍼졌다. 상업에서 (로마숫자처럼) 복잡한 체계를 사용하는 나라가 십진법을 사용하는 나라를 만나면 회계가 간편해지기 때문에 십진법을 받아들이게 된다. 로마 숫자를 사용하던 이탈리아 상인들도 이렇게 십진법을 받아들였다.

십진법에서 예를 들어 44는 $(4 \times 10) + (4 \times 1)$을 뜻하며, 969는 $(9 \times 100) + (6 \times 10) + (9 \times 1)$을 뜻한다. 반면에 5진법을 사용한다면, 44는 $(4 \times 5) + (4 \times 1)$을 의미하게 된다.

수 체계에는 세 가지 유형이 있는데, 여기에서 일반적인 밑을 B라고 표기하겠다. 고대 이집트와 그리스에서 사용된 **덧셈 체계**는 밑에서 유도되는 양들을 각각 다른 기호로 표기한다.

$$1, 2, 3, \cdots, B-1, B, 2B, 3B, \cdots, B(B-1);$$
$$B^2, 2B^2, 3B^2, \cdots, B^2(B-1), \cdots \text{ 등.}$$

곱셈 체계는 중국에서 사용되었고, 이 체계에서는 필요한 기호의 수가 훨씬 줄어든다.

$$1, 2, 3, \cdots, B-1, B, B^2, B^3, \cdots \text{ 등.}$$

　세 번째 유형인 **자리 체계**는 인도 문화에서 유래했고, 훨씬 더 경제적이다. 이 체계에서는 '자릿값' 개념을 도입해서, 기호의 위치가 의미를 지닌다. 따라서 로마인들에게 111은 3을 뜻했지만, 우리는 백과 십과 일의 뜻으로 받아들인다. 이 체계에서는 자리가 비어 있음을 나타내는 방법이 필요하다. 공백을 의미하는 기호가 있어야 백과 하나를 뜻하는 1 1을 열과 하나를 뜻하는 11과 구별할 수 있다. 바빌로니아, 마야, 인도에서 사용한 자릿값 체계에는 모두 1 1의 빈 자리를 표시하는 기호가 필요했고, 그렇지 않으면 기호들 사이의 틈이 빈 자리인지 아닌지 확실하지 않다는 것을 이들은 깨달았다. 결국 '영' 기호가 발명되어 이 틈을 메웠고, 인도 체계에서 백과 하나를 101로 표기하게 되었다.*
따라서, 이 체계에서 필요한 기호는 다음과 같이 몇 가지뿐이었다(이제 영이 추가되었다).

---

* 　바빌로니아에서는 회계상의 이유로, 마야에서는 미적인 이유로 (이 때문에 큰 수를 나타내는 상형문자에 공백을 사용하지 않았다), 인도에서는 계산의 효율을 위해 0이 발명되었다.

$$0, 1, 2, 3, \cdots, B-1.$$

이제 모든 수를 다음과 같이 표기할 수 있다.

$$N = a_n B^n + a_{n-1} B^{n-1} + a_{n-2} B^{n-2} + \ldots + a_2 B^2 + a_1 B + a_0$$

또한 a를 한 줄로 늘어세워서 다음과 같이 쓸 수 있다.

$$N = a_n a_{n-1} a_{n-2} \ldots a_2 a_1 a_0.$$

이 체계의 예로, 1204를 보자. 이 숫자에는 천이 하나, 백이 둘, 그리고 넷이 있다. 여기에서 밑 B는 10이고, 밑이 반복해서 나오는 개수를 알려주는 값 n은 3이다. $N = 1204$는 다음과 같이 표현된다($10^0 = 1$이다).

$$1204 = \underline{1} \times 10^3 + \underline{2} \times 10^2 + \underline{0} \times 10 + \underline{4} \times 1$$

여기에서 a에 해당하는 수에 밑줄을 그었다. 이것을 간단히 한 줄로 쓸 수 있다.

$$1204$$

각각의 항에 곱해지는 10의 제곱수들은 이제 명시적으로 나타나지 않으며, 기호가 어느 자리에 적혀 있는지가 중요해진다. 1204는 1024나 4021과 같지 않다.

가장 오래된 산술 체계는 남 바빌로니아의 수메르인과 이집트인이 발전시켰다. 이집트의 체계는 덧셈이 어떻게 작동하는지 명료하게 보여준다. 그들이 사용한 상형문자에서 이 기호들은 다음과 같았다(현재의 값은 괄호 속에 있다). 무엇보다 먼저, 막대로 숫자를 표시했다.

$$1(1), 11(2), 111(3), 1111(4), 11111(5), \cdots,$$
$$111111111(9)$$

또, 10의 제곱수가 있었다.

$$\cap (10), \wp (100)$$

천, 만, 십만, 백만을 나타내는 기호도 있었다. 이 방식에서 $1+1=2$는 단순해져서, 1과 1은 11이 된다. 여기에서 기호의 순서는 아무 의미가 없다. 예를 들어 54와 67을 더한다고 하자. 54는 다음과 같이 나타낸다.

$$\cap \cap \cap \cap \cap 1111$$

67은 다음과 같다.

$$\cap\cap\cap\cap\cap\cap 1111111$$

이것을 하나로 모으면 다음과 같다.

$$\cap\cap\cap\cap\cap 1111$$
$$\cap\cap\cap\cap\cap\cap 1111111$$

이것을 다시 배열하면 다음과 같다.

$$\cap\cap\cap\cap\cap\cap\cap\cap\cap\cap\cap 11111111111$$

∩가 10개이면 &가 된다. 1이 10개이면 ∩가 된다.
이렇게 자릿수를 올리고 나면, 결국 다음과 같이 된다.

$$\wp\cap\cap 1$$

이것은 121이다.

오늘날에는 십진법이 과학뿐만 아니라 숫자가 필요
한 거의 대부분의 경우에 사용되지만, 특별한 목적을
위해 다른 진법을 사용하기도 한다. 여기에서는 컴퓨

터에서 널리 사용하는 이진법(밑이 2)을 살펴보자. 수 0과 1을 **비트**bit(binary digit의 축약)*라고 부른다.

이진수에서 필요한 기호는 0과 1 둘뿐이다. 이 두 가지 기호로 네 가지 기본 덧셈이 가능하다.

$$0+0=0$$
$$0+1=1$$
$$1+0=1$$
$$1+1=10$$

마지막의 예 $1+1$에서 두 수의 합이 1보다 더 커져서 2가 된다. 그러나 이진법에서 2라는 기호는 쓸 수 없고, 왼쪽으로 한 자리 올려서 10으로 쓴다. 따라서 이진법에서는 $1+1=2$가 아니다.

이진법에서 $1+1$이 10이 되는 것은 십진법에서

---

* '비트'라는 용어는 1948년에 클로드 섀넌이 처음 인쇄물에 사용했지만, 섀넌은 이 용어를 처음 고안한 사람이 존 W. 튜키라고 밝혔다. 튜키는 1947년에 벨 연구소에 제출한 보고서에서 '비트bit'를 'binary information digit(이진 정보 숫자)'의 약자로 사용했다. **바이트**byte는 디지털 정보의 또 다른 단위이며, 8비트와 같다. 바이트의 크기는 알파벳 문자 하나를 표현하는 데 필요한 비트의 수로 결정되었다. 대부분의 컴퓨터는 바이트 단위로 메모리를 읽고 쓴다. 물론 컴퓨터의 하드웨어에 따라 메모리를 읽고 쓰는 최소 단위는 달라질 수 있다.

9+1이 10이 되는 이유와 똑같다. 십진법에서는 0에서 9까지의 수를 쓸 수 있고, 9보다 크면 왼쪽으로 한 자리 올려서 10으로 나타낸다. 이진법에서는 0과 1의 두 가지 수만 쓸 수 있고, 1보다 크면 왼쪽으로 한 자리 올려서 10으로 나타낸다. 십진법의 0에서 9까지의 수는 이진법으로 아래 표와 같이 표기한다.

십진수에서 13은 10이 1개, 1이 3개라는 뜻이다. 같은 양을 이진수로 표기하면 8(2^3)이 1개, 4(2^2)가 1개, 2가 0개, 1이 1개, 이렇게 해서 1101로 표시된다.

밑을 B라고 하자. 다시 말해 B진법의 산술에서, B가 2보다 크면 여전히 공식 $1+1=2$가 성립한다. 이것을

십진법	이진법
0	0
1	1
2	10
3	11
4	100
5	101
6	110
7	111
8	1000
9	1001

표 3.1.
이진법으로 표기한 0에서 9까지의 수.

형식적으로 다음과 같이 쓸 수 있다.

$$B=2이면 1+1=10,$$
$$B>2이면 1+1=2.$$

이진법의 곱셈에도 네 가지 경우가 있다.

$$0 \times 0 = 0$$
$$1 \times 0 = 0$$
$$0 \times 1 = 0$$
$$1 \times 1 = 1$$

긴 나눗셈이나 곱셈으로 가면 꽤 힘들어진다. 예를 들어 26×12는 11010×1100이 되고, 답은 $312=100111000$이다(사실 이진법의 계산은 십진법의 계산보다 훨씬 단순한데, 십진법에 찌들어 있는 우리에게만 어렵게 느껴질 뿐이다. 다만 이진법은 연산 규칙이 가장 단순한 대신에 연산 횟수가 늘어난다. 십진법은 연산 횟수가 크게 줄어드는 대신에 연산 규칙이 복잡하다. 사람은 연산 횟수가 늘어나면 실수하기도 쉽고 소요 시간도 크게 늘어난다. 그러나 컴퓨터는 연산 횟수가 늘어나도 실수가 일어나지 않으며, 소요 시간도 사람의 기준으로는 무시할 정도이다 —옮긴이).

물론 컴퓨터는 순간적으로 답을 낸다. 컴퓨터에 3을 입력하면, 컴퓨터는 이것을 이진수 11로 기록한다. 컴퓨터에 240을 입력하면 이진수 11110000이 된다. 이것을 다시 십진수로 바꾸면 $128+64+32+16=240$이 된다. 이것을 2의 거듭제곱으로 나타내면 $1\times2^7+1\times2^6+1\times2^5+1\times2^4+0\times2^3+0\times2^2+0\times2^1+0\times2^0$이 된다. 앞에 나온 312도 똑같은 방식으로 나타낼 수 있다.

현대에 와서 비트의 사용은 둘 중 하나를 구별하는 일과 밀접하게 관련된다. 디지털 컴퓨터에서 비트는 예/아니오, 켜짐/꺼짐, 맞음/틀림을 의미한다. 대개 맞음이 '1'이고 틀림은 '0'이다. 실제로 구현할 때는, 전기 스위치의 두 위치에 각각 다른 전압을 걸어서 둘 사이를 구별한다.

현대의 이진 산술은 아이작 뉴턴과 같은 시대에 활동했던 그의 라이벌, 독일의 수학자이자 철학자인 고트프리트 라이프니츠가 1679년에 발명했다고 알려져 있다.* 사실은 그보다 거의 100년 전에 영국의 과학자 토머스 해리엇이 발명해서 사용했지만 그 사실은 널리

---

* 영어로 번역된 라이프니츠의 설명은 다음의 사이트를 참조하라. http://www.leibniz-translations.com/binary.htm.

알려지지 않았다.†

라이프니츠는 일상 언어를 사용하는 모든 명제를 산술로 바꿔서, 특정한 가정의 결과를 체계적으로 계산하겠다는 거대한 야망을 갖고 있었다. 이것은 모든 정치적, 종교적, 과학적 논쟁을 수식으로 바꾼 다음에, 산술의 규칙만을 적용해서 해결한다는 야심만만한 계획이었다. 라이프니츠는 우리가 요즘 '컴퓨터'‡라고 부를 만한 것을 사용해서 기계적으로 이 일을 해내는 것을 상상했다. 아래에서 보는 것처럼, 라이프니츠의 이진법은 요즘 우리가 사용하는 것과 같다.

$$0\ 0\ 0\ 1의\ 값은\ 2^0 = 1$$
$$0\ 0\ 1\ 0의\ 값은\ 2^1 = 2$$
$$0\ 1\ 0\ 0의\ 값은\ 2^2 = 4$$
$$1\ 0\ 0\ 0의\ 값은\ 2^3 = 8$$

이렇게 계속된다.

---

† J.W. Shirley, "Binary Enumeration before Leibniz", *American J. Physics* 8, 452, 1951.

‡ 컴퓨터라는 말은 원래 '계산하는 기계'를 가리키기 전에 '계산하는 사람'을 뜻했다.

중국에 관심이 많았던 라이프니츠는《주역》의 육효에서 이진수의 영감을 얻었다. 주역에 나오는 육효는 이진수 0에서 111111까지에 대응된다.

이진수를 응용한 중요한 예로 촉각으로 감지하는 점자가 있다. 루이 브라유Louis Braille가 1829년에서 1837년에 걸쳐 점자를 개발한 뒤로 시각장애인들이 사용하고 있다(그러나 오늘날 영국에서는 등록된 시각장애인의 1퍼센트만이 점자를 사용한다). 점자는 이제까지 개발된 것들 중에서 최초의 이진 기록 방식이다. 보통의 인도유럽어를 기록할 때는 페니키아에서 유래한 알파벳 문자 26개를 사용하지만, 점자는 평평한 점과 볼록한 점 두 가지만 사용한다.

두 기호(점과 줄)만을 사용하는 또 다른 이진 체계로 모스 부호가 있다. 미국의 화가 새뮤얼 모스가 통신을 위해 1837년에 발명한 이 체계는 페니키아 알파벳, 발음 기호, 구두점, 몇 가지 추가적인 기호와 열 개의 수$(0, 1, \cdots, 9)$를 점과 줄로 나타낸다. 영어 외의 다른 언어를 위한 모스 부호도 만들어졌다. 최초의 모스 부호는 전기 펄스로 보내졌지만, 1844년에는 전류를 이용해서 종이가 움푹 들어가도록 인쇄할 수 있게 되어서 시각장애인도 글자를 읽을 수 있게 되었다.

이진 산술에서는 분수를 다루기가 쉽지 않다. 십진법

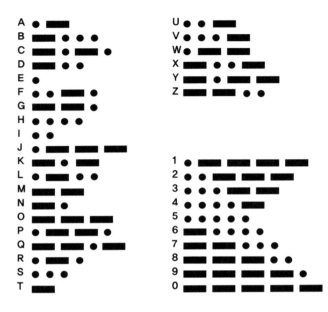

그림 3.1.

문자와 수를 나타내는 국제 모스 부호

에서 우리는 $\frac{1}{3}$, $\frac{3}{7}$, $\frac{3}{10}$, $\frac{2}{10}$와 같은 분수를 익숙하게 사용한다. 맨 뒤에 있는 $\frac{2}{10}$와 같은 분수는 분자와 분모에 공통의 약수가 있어서 더 단순하게 나타낼 수 있다. 분모 $10 = 2 \times 5$이므로, $\frac{2}{2 \times 5}$로 약분되어서 $\frac{1}{5}$이된다. 이 분수들을 이진법으로 나타내기는 쉽다.

십진법	이진법
$\dfrac{1}{3}$	$\dfrac{1}{11}$
$\dfrac{3}{7}$	$\dfrac{11}{111}$
$\dfrac{3}{10}$	$\dfrac{11}{1010}$
$\dfrac{2}{10}$	$\dfrac{10}{1010}$
$\dfrac{1}{5}$	$\dfrac{1}{101}$

맨 아래의 두 수를 보자. $\dfrac{2}{10}$ 를 약분해서 $\dfrac{1}{5}$ 이 되듯이, $\dfrac{10}{1010}$ 을 약분해서 $\dfrac{1}{101}$ 이 된다. 하지만 이진법의 분수 표기가 우리에게 익숙하지 않은 것도 사실이다.

이번에는 이진법에서의 소수 표현을 살펴보자. 십진법에서는 소수점 아래의 수가 차례로 $\dfrac{1}{10}$, $\dfrac{1}{100}$ 등을 나타낸다. 분수 $\dfrac{1}{5}$ 은 $\dfrac{2}{10}$ 로도 나타낼 수 있고, 이것은 $2 \times \dfrac{1}{10}$ 이므로 우리가 잘 알고 있듯이 0.2가 된다. 비슷하게 $\dfrac{3}{10}$ 은 $3 \times \dfrac{1}{10}$ 이므로, 0.3이 된다. $\dfrac{1}{3}$ 은 0.3333…이고, 이것은 $3 \times \dfrac{1}{10} + 3 \times \dfrac{1}{100} + 3 \times \dfrac{1}{1000} + \cdots$ 과 같다. 따라서 이것은 무한소수가 된다.

이진법에서도 똑같이 하면 되지만, 이번에는 10의 거듭제곱이 아니라 2의 거듭제곱을 사용해야 한다.

십진법의 $\dfrac{1}{5}$ 또는 0.2는 다음과 같이 쓸 수 있다.

$$\frac{1}{8} + \frac{1}{16} + \frac{1}{128} + \frac{1}{256} + \cdots$$

이것을 다시 쓰면,

$$0 \times \frac{1}{2} + 0 \times \frac{1}{4} + 1 \times \frac{1}{8} + 1 \times \frac{1}{16} + 0 \times \frac{1}{32} +$$
$$0 \times \frac{1}{64} + 1 \times \frac{1}{128} + 1 \times \frac{1}{256} + \cdots$$

이것을 이진법의 소수로 나타내면 다음과 같다.

$$0.00110011\cdots$$

십진법의 $\frac{1}{3}$ 또는 $0.333\cdots$은 다음과 같이 쓸 수 있다.

$$\frac{1}{4} + \frac{1}{16} + \frac{1}{64} + \cdots$$

이것을 다시 쓰면,

$$0 \times \frac{1}{2} + 1 \times \frac{1}{4} + 0 \times \frac{1}{8} + 1 \times \frac{1}{16} + 0 \times \frac{1}{32} +$$
$$1 \times \frac{1}{64} + 0 \times \frac{1}{128} + 1 \times \frac{1}{256} + \cdots$$

이것을 이진법의 소수로 나타내면 다음과 같다.

$$0.01010101\cdots$$

십진법의 $\frac{1}{2}$은 훨씬 더 단순해서 0.1이 된다. $1 \times \frac{1}{2}$로 표현되기 때문이다. 이진수의 소수 표현은 어렵고 낯설지만, 여전히 유한한 소수가 되거나 순환하는 무한소수가 된다. 분모가 2, 4, 8 등으로 소인수 2만을 포함할 때만 유한한 소수가 되고, 그렇지 않은 분수는 모두 순환소수가 된다.

벤저민 슈마허Benjamin Schumacher가 1995년에 발명한 '큐비트qubit'는 이제 완전히 과학 용어로 자리를 잡았다. 비트는 정보의 기본(최소) 단위이고, 큐비트는 양자 정보의 최소 단위이다. 우리가 사용하는 보통의 이진 '비트'는 0 또는 1과 같고, 정보의 기본 단위 하나를 표시하는 데 사용된다. 그러나 이것은 고전물리학의 세계에서 작동하는, 말하자면 비非양자적인 컴퓨터에만 해당된다. 양자역학에서는, 세계의 상태에 대한 정보 내용이 0과 1에 가중치를 적용한 값의 선형 조합이다. 이것은 단순히 0 또는 1이 되지 않으며, 그 둘이 섞인 상태이다.* 이것이 그 유명한 에르빈 슈뢰딩거의 '고양이 역설'의 근원이다. 슈뢰딩거는 다음과 같은 상황을 상상했다. 상자 속에 고양이가 있고, 상자 속으로 치명적인 독을 주입하는 장치가 붙어 있다. 이 장치를 작동시키는 스위치는 원자 이하 단위의 양자역학적 과정에 의해 켜지거나 꺼지는데, 스위치를 작동시키는 이 양자 장치의 상태는 시간에 따라 변한다. '고전적인' 관점에서 이 고양이는 본질적으로 살았거나 죽었다. 그러나 양자역학의 관점에서는 고양이가 살아 있는 상태와 죽은 상태가 뒤섞인 채로 존재한다!

고전물리학에서는, 예를 들어 돌을 던지면 공중에서 포물선 궤적을 그리면서 단일한 경로를 따라간다. 그러나 양자역학에서는 한 상태에서 다른 상태로 바뀔 때, 그것이 갈 수 있는 모든 경로를 따라간다. 그중 어떤 것은 파동의 마루와 같고, 또 어떤 것은 골과 같다. 이것들을 더했을 때 거의 모든 것들이 상쇄되어 없어지고 낯익은 고전적인 포물선이 가장 그럴듯한 것으로 남는다. 이것은 정보의 파동이며, 물의 파동보다는 범죄의 파동과 더 비슷하다. 범죄의 파동이 우리 집 근처를 덮쳤다고 하면, 거기에서 범죄가 일어날 확률이 더

---

*   n개의 성분을 가진 계에서, 고전물리학에서 이 상태의 완전한 기술은 단지 n비트만 있으면 되지만, 양자역학에서는 2^{n-1}개의 복소수가 있어야 한다. 다음 문헌을 참조하라. P. Shor, "Polynomial Time Algorithms for Prime Factorization and Discrete Logarithms on a Quantum Computer", *SIAM Journal on Computing*. 26, 1484 (1997) arXiv:quant-ph/9508027.

높아졌다는 뜻이다. 양자 컴퓨터를 연구하는 사람들은 양자적인 성질을 이용하여 새로운 유형의 초고속 컴퓨터를 만들기 위해 노력한다. 양자 컴퓨터가 구현되면, 한 가지 계산 결과를 모르면 다른 계산을 시작할 수 없는 서로 얽힌 문제들을, 결과를 모른 채로도 동시에 계산할 수 있어서 빠르게 답을 얻을 수 있다. 또한 현재로서는 시간이 너무 많이 걸려 실질적으로 계산이 불가능한 문제도 양자 컴퓨터로 계산할 수 있게 된다. 계산 불가능한 문제가 계산 가능하게 되는 것이다. 미래에는 이러한 발전이 가능하다.

4

수의 정의

나는 때때로 폰 노이만의 뇌는 사람의 뇌를 능가하는 종이
존재할 수 있다는 증거가 아닐까 생각하기도 했다.

—

한스 베테[*]

[*]   H. 베테, *Life Magazine*, 1957, p. 89. 폰 노이만은 놀라운 정신
적 능력의 소유자였고 생각하는 속도가 빠르기로 유명했다. 그는 어려
운 수학 계산을 거의 순간적으로 해치웠고, 사진처럼 정확한 기억을
재빨리 떠올릴 수 있었으며, 여러 언어를 즉시 번역할 수도 있었다. 그
와 함께 연구하면 자전거를 타고 자동차를 쫓아가는 것 같다고 한다.
폰 노이만과 학교를 같이 다녔던 노벨상 수상자 유진 위그너는 이렇게
말했다. '폰 노이만의 말을 듣고 있으면, 사람의 정신이 어떻게 작동해
야 하는지 이해하게 된다.' 폰 노이만은 논리학, 컴퓨터 구조, 수학, 양
자물리학, 핵물리학, 유체역학, 충격파 전달, 게임 이론, 통계학, 경제학
에 근본적으로 중요한 기여를 했고, 53세의 이른 나이에 죽기 전까지
미국 정부의 핵심적인 과학 자문관으로 활동했다.

19세기 수학자들은 수학의 기초에 대해서 매우 진지하게 염려하기 시작했고, 명백해 보이기 때문에 옳다고 가정하고 넘어갔던 것들을 증명해야 한다고 생각했다. 이것은 꽤나 현학적이었지만, 산술에서 어딘가에 거짓된 전제가 있으면 모든 것이 자기모순으로 무너질 것이라는 염려에 근거한 것이었다. 1장에서 보았듯이, 산술에서 거짓인 명제 하나만 있으면 **모든 것을** 이끌어 낼 수 있다. 1 + 1로 당신이 원하는 무엇이든 된다고 증명할 수 있다. 전제가 거짓이면 모든 것을 참으로 증명할 수 있다는 말은 논리학의 오래된 규칙이다.

이러한 수학의 잠재적 붕괴를 피하기 위해 제안된 한 가지 처방이 **형식론**formalism이다. 이것은 단순한 아이디어이다. 산술의 경우에, '게임'의 규칙과 참가자의 수(양의 정수)를 정하고, 어떤 일관된 출발 상황에서 수에 적용되는 규칙을 적용해서 그 후의 모든 산술의 진리를 찾아내는 것이다. 이 모든 산술의 진리들은 이제 게임의 규칙에 따라 타당한 추론으로 보일 것이다. 같은 아이디어를 규칙 기반의 체스(체스의 말은 게임 바깥에서는 아무 의미도 없다) 같은 게임에도 적용할 수 있을 것이다. 통상적인 출발 지점에서 어떻게 두어도 결코 도달할 수 없는 배치가 있는지, 특정한 배치가 최초의 배치에서 유한한 수를 두어서 만들어질 수 있는지 점검하는 것이다. 이 처방은 물샐 틈이 없어 보이며, 유클리드 기하학에도 잘 맞는 것으로 보인다(말끔하게 하기 위해 추가하는 몇 가지 규칙과 더불어서 말이다).* 그러나 우리는 8장에서 놀랍게도 이 기대가 틀렸음을 보게 된다. 수에 대한 명제들 중에는 산술의 규칙을 사용해서 참인지 거짓인지 증명할 수 없는 것들도 있다. 이것은 체스판에 있는 말들의 배치가 최초의 출발 조건에서 시작해서 나올 수 있는지 없는지 알 수 없는 것과 같다. 통상적인 배치에서 출발해서 이런 배치에 도달하는 것이 불가능함을 증명하기 위해서는 단순히 현재의 판에 놓인 배치를 가능하게 하는 이전의 배치가 없다는 것을 보이기만 하면 된다. 이러한 배치를 '에덴 동산' 배

---

* 예를 들어 점 A, B, C, D가 직선 위에 있는데, B가 A와 C 사이에 있고 C는 B와 D 사이에 있다고 하자. 그러면 유클리드의 원래의 공리로는(그림에 의존하지 않고) B가 A와 D 사이에 있음을 **증명**할 수 없다.

치라고 부른다.

엄밀한 방식으로 자연수를 정의하는 아이디어에 가장 명확하게 기여한 수학자는 이탈리아의 주세페 페아노Giuseppe Peano였고, 그는 1889년에 이 연구를 발표했다.[†] 그 이전인 1884년에 고틀로프 프레게가 《산술의 기초Die Grundlagen der Arithmetik》[‡]를 발표하여 기초적인 접근을 보여주었지만, 이 책은 19세기 말까지 알려지지 않았다. 리하르트 데데킨트Richard Dedekind도 1888년에 발표한 〈수는 무엇이며, 어디에 쓰이는가?Was sind und was sollen die Zahlen〉[§]에서 비슷한 공리를 제안했지만, 나중에 페아노가 그의 제안을 단순화했다.

페아노는 다섯 가지 규칙을 도입해서 모든 수와 산

———

[†]   H.C. Kennedy, *Peano. Life and works of Giuseppe Peano*, Reidel, 1980.

[‡]   영역본 *The Foundations of Arithmetic: A logico-mathematical enquiry into the concept of number*, by J.L. Austin, Blackwell, Oxford, second revised edition(1974).

[§]   Life Magazine(1957) 89쪽에 인용된 이 논문은 1888년 독일 브라운슈바이크의 피베크Vieweg 출판사에서 출간되었다. 다음의 책에 영역문이 실려 있다. W. B. Ewald, ed., *From Kant to Hilbert: A Source Book in the Foundations of Mathematics*, 2 vols. Oxford UP, Oxford, 1996.

술을 정의했다. 요즘은 이것을 페아노 공리라고 부른다. 핵심적인 아이디어는 '바로 뒤의 원소successor'라는 지시이다. 이것은 수를 그다음 수로 넘기라는 지시이다. 예를 들어 1을 2로, 2를 3으로 넘긴다. 이것은 양들의 무한한 모임(0, 1, 2, 3, … 이렇게 영원히 계속된다)이 어떻게 유한한 규칙들의 모임으로 만들어지는지 보여준다. 영에서 출발하고(페아노는 실제로 1을 사용했지만, 1은 0의 바로 뒤의 원소이므로 아무 차이가 없다) 음이 아닌 자연수를 정의하는 페아노 공리 다섯 가지는 다음과 같다.

1. 영은 자연수이다.
2. 모든 자연수 바로 뒤에 자연수가 있다.
3. 영은 어떤 자연수에 대해서도 바로 뒤의 원소가 아니다.
4. 두 자연수의 바로 뒤의 원소가 같으면, 둘은 같다.
5. 어떤 집합이 영과 모든 수의 바로 뒤의 원소를 포함하면, 이 집합은 모든 자연수를 포함한다. 이것을 **귀납**의 원리라고 부른다.

이 모든 공리가 독립적이며, 따라서 반드시 이 모두가 필요하다.

공리에서 (증명 없이) 제시한 것은 0이라는 최초의 원소와, 바로 뒤의 원소라는 연산operation이다. 바로 뒤의 원소라는 연산을 $S(\cdots)$라고 하자. 공리에 따르면 $S(0)$ $= 1, S(1) = 2$와 같이 계속된다. 또한 귀납의 원리에 따라 일상적인 덧셈과 곱셈의 산술 연산을 도입할 수 있다. 모든 수 n에 대해서 m회 반복해서 더하고 곱하는 것을 정의할 수 있다. m을 처음에는 0에서 시작해서, $S(m)$까지 보낸다.

산술-덧셈

정의에 따라 $n + 0 = n$

공리 2를 사용해서 $n + S(m) = S(n + m)$

그러므로

공리 1과 2를 사용해서 $n + 1 = n + S(0) = S(n + 0) = S(n)$

n이 1이라고 하면, 이러한 규칙 체계로부터 다음과 같은 것을 증명한 것이 된다.

$$1+1=S(1)=2$$

이것을 계속 반복할 수 있다. 다시 말해, 똑같은 규칙을 다시 계속해서 적용하는 것이다. 예를 들어

$$n+2=n+S(1)$$
$$=S(n+1)$$
$$=S(S(n)).$$

일반적으로 자연수 m을 더하는 것은 연산 S를 m회 적용하는 것이다.

$$n+m=S(\cdots S(n))$$

여기에서 생략된 부분은 S를 m회 적용한다는 뜻이다.

산술—곱셈

일반적으로 곱셈은 덧셈을 반복하는 것으로 본다. $n \times m$은 n을 m번 더하는 것이다. 이런 방식으로, $n \times m$에서 $n \times S(m)$으로 넘어가면 n을 하나 더 보태는 것이 된다. 그러므로 $S(\cdots)$를 적용하면 다음과 같다.

$$n \times 0 = 0$$
$$n \times S(m) = n + (n \times m)$$

그러면 다음과 같다.

$$n \times S(0) = n + (n \times 0) = n + 0 = n$$

이를 통해 우리는 $S(0)$가 당연히 그래야 하는 방식으로 행동한다는 것을 알 수 있다. 이것은 산술에서 1과 같기 때문이다. 따라서, 곱셈을 포함시키기 위해서는 페아노의 다섯 가지 공리에 두 가지를 더해야 한다.

6. $n \times 0 = 0$
7. $n \times S(m) = n \times m + n$

페아노의 체계에는 문제가 하나 있는데, 그것이 자연수 외에 다른 것에도 적용된다는 것이다. 끝없이 계속되는 모든 양에 대해 다섯 가지 공리를 사용할 수 있다. 자연수를 짝수로 바꾸면 다음과 같이 진행된다.

$0, 2, 4, 6, 8, 10, \cdots$ 이렇게 계속된다.

이것이 페아노 공리를 만족한다는 것은 쉽게 보일 수 있다. 이것은 0에서 시작해서 2를 더하면서 다음으로 넘어간다. 그러므로 이번에는 $S(n)=n+2$이다. 홀수 1, 3, 5, 7, …에 대해서도 마찬가지이다. 이것은 1에서 시작하고, 2씩 넘어간다. 이번에도 $S(n)=n+2$이다. 사실 상황은 더 안 좋다. 페아노의 다섯 가지 공리를 만족하는 수열의 가짓수는 무한하다. 다음과 같이 끝없이 진행되는 수열이 있다고 하자.

$$N_0, N_1, N_2, N_3, N_4, \cdots$$

이 수열에서 모든 항은 N_0에서부터 유한한 단계를 거쳐 도달할 수 있으며, N_0에는 앞의 원소가 없으므로 그것이 0의 역할을 한다. N_k 바로 뒤의 원소는 N_{k+1}이다. 다섯 번째 공리에 따라 이제 N_0의 모든 성질은 N_{k+1}의 성질이기도 한데, 이것이 N_k의 성질이기 때문이다. 그러므로 그저 출발하는 항이 있으며 똑같은 항이 반복되지 않고 끝없이 진행되기만 하면, 첫 항에서 어떤 규칙을 유한 회 반복 적용해서 모든 항에 도달할 수 있다. 페아노의 다섯 가지 규칙에 따르는 수열을 **프로그레션**progression이라고 부른다. 역으로 모든 프로그레션은 페아노의 다섯 가지 규칙을 따른다. 그러나 이제까지 설명한 모든 프로그레션들이 사실상 자연수를 닮았으며, 원소 N_i를 표지 i라고 부르기만 하면 자연수와 똑같은 성질을 가진다. 수학에서는 이러한 성질을 **동형**同型, isomorphic이라고 한다. 다시 말해서, 앞에서 말한 모든 프로그레션은 자연수의 프로그레션과 동형이다. 다시 한번 강조하지만, 페아노 공리는 자연수만 정의하는 것이 아니며, 자연수는 단지 이 규칙들이 정의하는 프로그레션 중의 하나일 뿐이다.

페아노 공리가 처음 제안되었을 때 버트런드 러셀 같은 논리학자들은 그들이 '자연수'가 의미하는 것을 완전히 정의했다고 믿었으며, 위에서 지적한 유일하지 않다는 문제만 남았다고 보았다. 하지만 프랑스의 수학자 앙리 푸앵카레를 비롯한 다른 사람들은 이런 입장에 회의적이었다. 푸앵카레는 이 공리들의 무모순성 consistency이 증명되었을 때만 그 의견이 맞다고 지적했다. 왜냐하면, 예를 들어 그것들이 1＝2를 추론하는 것을 허용한다면, 이것들은 모순이 있어서 어떤 것을 증명하는 데 아무 쓸모가 없기 때문이다. 훨씬 나중인 1936년이 되어서야 독일의 젊은 수학자 게르하르트 겐첸Gerhard Gentzen(나치에 부역했고, 프라하 대학교 교수였던 그는 전쟁이 끝난 뒤 체포되어 러시아 군에 넘겨졌다가 1945년에 감옥에서 죽었다)이 이 공리들이 일관되고 모순이 없다고 증명했다. 오늘날의 거의 모든 수학자들은 페아노 공리의 타당성을 받아들이며, 이것은 다음과 같은 세 가지 개념만으로 모든 것을 유도한다고 본다.

0, 자연수, 바로 뒤의 원소

그렇게 보지 않는 몇몇 수학자들도 있다. **유한론자**finitist라고 부르는 이 수학자들은 무한한 양을 다루는 어떤 추론이나 연역적인 단계도 받아들이지 않는다. 그들에게 페아노 공리를 믿는다는 것은 자연수의 무한한 집합을 믿는 것과 같다. 이런 생각은 대부분의 수학자들에게는 조금 현학적이다. 무엇보다도, 나중에 볼 것처럼 자연수는 셀 수 있는countable 무한이다. 이것은 무한 중에서 가장 작다. 아리스토텔레스는 이것을 '잠재적 무한'이라고 불렀고, 이 무한을 인정했다. 이것은 무한한 온도나 우주 어딘가에 있는 무한한 밀도처럼 '실재하는 무한'과 같은 방식으로 우리에게 영향을 주지는 못한다. 실재하는 무한은 아리스토텔레스가 국소적 진공과 함께 거부한 개념으로, 국소적 진공이 있으면 저항이 사라져 운동이 유한한 시간 안에 무한한 속력에 도달할 수 있게 되기 때문이다.

바로 뒤의 원소라는 함수를 정의하고 이것을 적용해

서 기존의 양에 1을 더하고, 이 과정을 계속해서 반복하는 것을 바탕으로 셈 체계를 고안한 것은 고대 문화의 직관이었다.

바로 뒤의 것이라는 생각은 우리 정신 속에 들어 있는 자연스러운 개념인 듯하다. 어떤 의미에서 이것은 시간의 화살이 존재한다는 것의, 또 원인과 결과라는 순서를 겪어본 경험의 결과인 듯하다. 우리는 미래를 과거와 분리하고, 미래는 원인과 결과가 이어지면서 앞으로 나아간다. 테드 창의 단편소설 〈네 인생의 이야기〉와 드니 빌뇌브 감독이 2016년에 영화로 만든 〈컨택트〉(영화 원제는 '도착'을 뜻하는 'Arrival'이다. 한국에서는 '컨택트'라는 제목으로 개봉했다—옮긴이)에서는 이러한 개념과 흥미롭게 대조되는 관점을 볼 수 있다. 지구에 외계의 존재가 탄 신비스러운 우주선 열두 대가 착륙한다. 에이미 애덤스가 연기하는 언어학자가 외계 존재의 언어를 해독하기 위해 투입되는데, 그들의 언어는 이상하고 무시간적이다. 이 언어는 액체 속에 주입되는, 색깔이 있는 잉크로 표현된다. 그들은 이색적인 소용돌이 무늬를 사용하며, 이 무늬는 물에 잉크 몇 방울을 떨어뜨릴 때 나타나는 것과 비슷하다. 언어학자는 그 언어의 일부를 해독하고, 결국은 그 언어를 사용하는 고등한 지성을 지닌 정신에게는 시간 개념이 없다는 것을 알아낸다. 이 언어의 복잡한 패턴은 모든 이야기를 단숨에 보여준다. 이 언어는 우리처럼 사건을 순차적으로 설명하지 않는다. 이 언어는 선형적이라기보다 원형적이다. 그 메시지는 우리의 미래뿐만 아니라 과거에 대한 내용까지 포함하고 있지만, 어느 정도 단순해서 우리가 부분적으로 해독할 수 있다는 것이 알려진다. 이 이야기에는 많은 메시지가 들어 있지만 언어학적인 관점은 인류학자 에드워드 사피어와 그의 제자인 벤저민 워프의 가설을 바탕으로 한다.*

사피어-워프 가설은 언어가 단순한 소통의 도구가 아니라고 주장하는데, 그 이유는 언어가 우리가 상상하고 소통할 수 있는 개념을 결정하기 때문이다(이 이론은 오늘날의 언어학자들에게는 별로 인기가 없다). 언어는 절대적이지 않다. 워프가 드는 고전적인 예는, 이누이트의 언어에는 눈을 가리키는 말이 아주 많지만 따뜻한 지역의 언어에는 그런 말이 있다면 하나 또는 둘 정도라는 것이다. 물리적 현실이 그대로 언어에 반영되고, 그런

---

* 언어상대성 가설 혹은 사피어-워프 가설로 알려져 있으며, 미국의 인류학자이자 언어학자인 에드워드 사피어가 쓴 글 〈과학으로서의 언어학이 차지하는 지위The Status of Linguistics as a science〉(1956)에서 정의되었다. 또한 벤저민 워프의 글 〈과학과 언어학Science and Linguistics〉에서도 설명되었다.

다음에 언어가 사용자들의 사고를 결정한다는 것이다. 고대 그리스의 철학자들은 심오한 사상가들이었지만, 그 이유는 그들이 사용했던 고전 그리스어에서 정밀한 철학적 사고, 말, 글에 필요한 의미를 세밀하게 구별할 수 있었기 때문이라는 것이다. 내 생각에 영화 〈컨택트〉는 현대의 다른 영화들에 비해 상당히 심오하다. 이 영화에는 극적인 우주 전투도, 기묘하게 생긴 외계인도 나타나지 않는다. 이 영화는 〈스타워즈〉도 아니고 〈스타트렉〉도 아니며, 언어학 연구가 이야기를 주도하고, 군대는 옆으로 밀려나 있다. 왜 열두 대의 우주선이 지구로 왔는지, 왜 외계 존재들은 그들의 언어가 가진 복잡한 패턴의 어렴풋한 인상만을 남기고 갑자기 떠났는지를 알고 나면, 마지막에 중요한 메시지가 드러난다.

이 영화는 정신의 작동과 그 붙박이 배선이 우리가 세계를 받아들이는 방식을 어떻게 결정하는지, 셈 counting과 같은 정신적 과정들이 우리의 사고와 어떻게 연결되는지를 생각하게 만든다는 점에서 중요하다.

산술이 어떻게 엄밀하고 논리적으로 건전한 기술記述을 제공하는지에 대한 질문은 여러 가지 이유로 중요하다. 이 질문은 수와 셈에 대한 우리의 생각을 바꾼다. 수와 셈은 단지 계란이나 동전을 세는 유용한 수단이 아니다. 수와 셈은, 그것이 세는 물건들을 벗어나서 순전히 규칙으로만 정의되는 논리 체계로 존재한다. 하나와 둘만 세는 원시적인 체계에서는 없던 그 무엇이 나타나는 것이다. 규칙을 바꾸면 새로운 수학 체계를 만들 수 있고, 이러한 수학 체계는 세계에 있는 어떤 것과도 대응되지 않을 수 있다. 중요한 것은 그 규칙들이 일관되고 1＝2와 같은 모순이 생기지 않는다는 것이다. '수학적 존재'라는 용어는 이제 자주 볼 수 있고, 새로운 의미를 지닌다. 이것은 그러한 수학적 체계의 예가 실생활에 있다는 뜻이 아니다. 이것은 오로지 **자기 일관성**만을 의미한다. 이것이 **수학적 존재**의 의미이다.

중세에는 수학이, 또는 더 구체적으로 유클리드 기하학이 세계가 작동하는 방식을 기술하는 유일한 체계라고 믿어졌다. 유클리드 기하학은 평평한 면 안의 선들과 선 안의 점들의 구조를 기술한다. 이것은 사물에 대한 '절대적 진리'의 일부라고 믿어졌다. 인간의 정신은 신학자와 철학자들이 말하는 궁극적인 진리를 결코 파악할 수 없다고 주장하는 회의론자들에게, 그렇다면 유클리드 기하학은 뭐냐고 들이밀 수 있었다. 그러나 19세기에 가우스, 보여이, 리만이 지구와 같은 휜 공간에서 점과 선을 기술하는 비유클리드 기하학을 발견하자, 상황이 크게 바뀌었다.* 이제 우리는 여러 가지 기하학이 가능하며, 그러한 기하학은 모두 저마다의 공리 집합에 의해 자기 일관성을 갖도록 정의된다는 것을 알고 있다. 이러한 기하학들은 우리가 방금 설명한 의미에서 수학적으로 **존재**한다. 새로운 논리학과 산술 체계가 나중에 또 발견될 수도 있다. 여기에서 일종의 수학의 상대주의가 나왔고, 《파동의 이론》과 같은 두꺼운 수리물리학 책이 《파동 운동의 수학적 모형화》와 같은 제목의 현대적인 책으로 바뀌게 되었다. 파동에 대한 유일한 수학 이론은 없고, 복잡한 파동 운동의 다른 측면을 다루기 위해 다른 수학을 쓸 수도 있고, 새로운 것을 만들 수도 있기 때문이다.

---

* 수학자와 철학자들은 비유클리드 기하학을 매우 힘들게 받아들였지만, 항해사들과 화가들에게는 당연한 것이었다. 네덜란드의 거장 얀 반 에이크르가 1434년에 그린 유화 〈아르놀피니의 결혼〉에 나오는 볼록거울에 비친 모습이 고전적인 예다. 피타고라스의 정리와 같은 유클리드 기하학의 모든 규칙들과 가능성을 동원해서 평면의 페이지에 그린 것으로는 이런 모습을 상상할 수 없다. 이제 곡면 거울에 비친 모습을 보자. 모든 관계들이 명백히 유지되고 평면 기하의 점들과 휜 거울 속의 점들 사이에 일대일 대응이 있다. 이것은 우리 모두가 물리 수업 시간에 배운 페르마와 다른 사람들의 곡면 거울의 반사 법칙 때문이다. 그러므로, 곡면의 기하학에 대한 자기 일관적인 공리적 기초가 있어야 한다. 그것은 페르마의 법칙(1660)에서 평면을 곡면 거울로 바꿨을 때에 대한 수학적 설명이 되어야 한다. 다음 책을 참조하라. J.D. Barrow, *Pi in the Sky*, Oxford UP, 1992. 유리나 연마한 금속으로 만든 곡면 거울은 매우 오래전부터 사용되었고, 볼록거울은 멀리 있는 물체를 보기 위해 사용되었다.

이러한 영향으로 더 심오한 변화가 일어났다. 13은 불운하고 7은 행운이라는 따위로, 수에 내재적 의미가 있다는 고대의 생각에서 벗어난 것이다. 이런 생각은 수비학 전통의 바탕이었고 매력적인 아이디어로, 오늘날에도 피타고라스식 사고방식의 잔재로 어떤 집단에 남아 있다. 이를테면 그들은 모든 7이 같은 뜻을 공유한다고 믿었다. 페아노의 연구에서 나온 현대의 수학에서는 수, 점, 선 자체에는 아무 의미가 없다. 단지 이것들 사이의 관계만이 의미가 있다. 그러므로 수학에서 세계에 존재하는 패턴의 관계에 대한 연구가 응용 수학과 수리물리학의 주제가 되었고, 패턴의 창조, 내적인 무모순성, 패턴 자체에 대한 탐구가 순수 수학의 주요 내용이 되었다.

5

집합의 덧셈

집합은 집합이지
A set is a set

(당연하지, 당연하지)
(you bet, you bet)

집합 아닌 건 아무것도 없지
And nothing could not be a set,

당연하지!
you bet!

애는 우리 강아지
That is, my pet

네가 만날 때까지
Until you've met

내 특별한 집합이지.
My very special set.

—

브루스 레즈니크*

*   B. Reznick, "A set is a set", *Mathematics Magazine* 66, issue 2, April 1993, p. 95.

이렇게 해서 순수 수학은 확실한 출발점('공리')을 가정한 다음 규칙에 따라 추론해나가는 게임과 같은 것이 되었다. 수학이 이러한 방향으로 발전하자, 수를 사물의 집합이라는 관점에서 보게 되었다. 이러한 관점은 1874년에 게오르크 칸토어가 무한한 양들의 초한 산술과 관련해서 도입한 것으로, 여기에 대해서는 7장에서 살펴볼 것이다. 수학적인 엄밀함을 벗어나서 대략 설명하면, 집합set이란 사물의 모임collection이다. 집합 속에는 수와 같은 수학적 대상이 원소로 들어갈 수도 있고, 찻주전자와 같은 비수학적 대상이 들어갈 수도 있다. 집합 속에 다른 집합이 원소로 들어갈 수도 있다. 집합 {1, 2, 4, 7, 9}에 대해 집합 {1, 2, 9}는 부분집합이지만, 집합 {1, 2, 3}은 부분집합이 아니다.

두 집합의 **합집합**the union of two sets, 예를 들어 A, B의 합집합은 $A \cup B$로 표기하며, 이것은 A와 B의 모든 원소를 포함하는 집합이다. $A = \{a, b, c\}$이고 $B = \{3, 4,$

5, a, b}이면 $A \cup B = \{a, b, c, 3, 4, 5\}$이다.

두 집합의 **교집합**the intersection of two sets은 $A \cap B$로 표기하며, 이것은 A와 B에 공통으로 들어 있는 원소를 포함하며, 앞의 예에 나온 집합 A와 B에 대해 $A \cap B = \{a, b\}$이다.

공집합the empty set은 아무런 원소도 갖지 않으며, { } 또는 ∅으로 표기한다.* 모든 집합은 공집합을 부분집합으로 갖는다.

차집합the set difference $A-B$는 A의 원소들 중에서 B의 원소를 제외한 것들의 집합이다. 앞의 예에서 $A-B = \{c\}$이다.

집합 A와 B의 **곱집합**the product of sets은 $A \times B$로 표기하며, 이는 A의 원소 하나와 B의 원소 하나로 이루어지는 모든 쌍들의 집합이다. $A = \{1, 2\}$이고 $B = \{a, b\}$이면 $A \times B = \{(1, a), (1, b), (2, a), (2, b)\}$이다.

또 다른 흥미로운 개념으로 **멱집합**power set이 있다. A의 멱집합을 $P(A)$로 표기하며, 이 집합은 A의 모든 부분집합을 원소로 가진다. $A = \{1, 2\}$이면, $P(A)$는 다음

---

*   뛰어난 수학자 앙드레 베유(유명한 철학자 시몬 베유의 오빠이다)는 자신이 노르웨이 알파벳에서 이 기호를 도입했다고 말한다. 앙드레 베유의 자서전을 참조하라. *The Apprenticeship of a Mathematician*, Birkhauser Verlag, Basel-Boston-Berlin, 1992, p. 114.

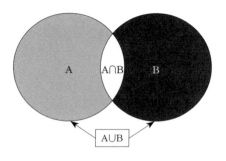

그림 5.1.
집합 A와 B의 교집합과 합집합

과 같다.

$$\{\{\ \}, \{1\}, \{2\}, \{1,\ 2\}\}$$

여기에는 언제나 공집합 { }과 전체 집합 A를 포함시켜야 한다. N개의 원소를 가진 집합의 멱집합은 2^N개의 원소를 가진다. 따라서 멱집합은 집합의 원소가 늘어남에 따라 매우 빠르게 커진다.

집합에는 흥미롭게도 인간적인 면모가 있다. 엄청나게 많은 데이터 속에는 공유하는 성질로 묶을 수 있는 많은 부분집합들이 숨어 있다. 이것들은 그 데이터 속에서 특별한 형태를 띠거나 어떤 경향의 일부일 수 있다. 그런데 그러한 공통성을 알아보는 사람이 아무도 없어서 그러한 방식으로 묶지 않는다면, 이 부분집합은 어떤 의미에서 존재하는 것일까? 칸토어는 집합들이 우리가 인지하건 말건 거기에 있다고 생각했다. 이것은 모든 대리석 덩어리에 '다비드'가 들어 있다고 말하는 미켈란젤로의 주장과 닮았다!

실제로, 어떤 모임이 집합일 수 있는지에 대해서는 제한이 있다. 예를 들어, 악명 높은 '모든 집합의 집합'은 집합이 아니다. 이것이 허용되면 모순이 생긴다. 이것이 그 유명한 러셀의 역설*이다. 그는 집합이 자기를 포함할 수 있으면 어떻게 될지에 대해 숙고했다. 이것이 바로 모든 집합의 집합이다. 그런데 이렇게 하면 모순이 생기므로 그는 이것을 배제했다. 이 역설의 더 쉬운 예가 이발사의 역설이다. 어떤 마을에 이발사가 한 사람뿐인데, 이 사람은 스스로 면도를 하지 않는 사람만 면도를 해준다. 그러면 이발사의 면도는 누가 해주는가? 또는 오래전부터 내려온 거짓말쟁이 역설†도 있다. "이 문장은 거짓이다"가 대표적인 예이다.

이 역설적인 결과를 보면 우리가 사물들의 모임이라고 생각하는 것들을 모두 집합이라고 할 수는 없다는 것을 알 수 있다. 이렇게 해서 더 넓은 범위의 덜 엄밀한 개념인 **클래스**class를 도입한다. 클래스(이것은 집합이 될 수 있다)에 속하는 원소는 단순히 공통의 성질을

가진다. 말하자면 다리가 넷인 것들로 이루어진 클래
스, 집합들로 이루어진 클래스가 있을 수 있다. 이렇게
하면 모든 집합들로 이루어진 것은 집합이 아니라 클
래스가 되어서, 러셀의 역설을 비롯해 그와 비슷한 모
순들을 피할 수 있다.

어떤 집합의 원소가 모두 집합이고, 그 원소인 집합
의 원소도 집합이고, 이렇게 계속되는 집합을 **순수** 집
합이라고 한다. 따라서 순수 집합은 다른 순수 집합만
을 원소로 가진다.

그러므로, 요약하자면 **클래스**는 공통의 성질을 가진
사물들의 모임이다. 예를 들어 수의 클래스, 원의 클래
스가 있다. **집합**은 클래스의 원소인 클래스이며, **고유
클래스**proper class는 집합이 아닌 클래스이다. 그러므로
모든 집합은 클래스이지만 모든 클래스가 집합은 아니

---

* 버트런드 러셀은 (지금 '러셀의 역설'로 알려져 있는) 이 예시를 프
레게에게 보냈고, 프레게는 순전히 논리라는 기반 위에 산술을 세우려
던 그의 계획을 포기하게 된다.

† 크레타의 에피메니데스가 이렇게 말했다. "크레타 사람들은 모
두 거짓말쟁이이다." 그런데 에피메니데스도 크레타 사람이기에, 그
도 마찬가지로 거짓말쟁이이다. 성 바울로는 디도서 1장 10-13절
에서 크레타의 디도를 떠날 때 교회의 일을 논하면서 이 일을 보
고한다.(Thomas Fowler, *The Elements of Deductive Logic*, 3rd ed.,
Clarendon Press, Oxford, 1869, p. 163.)

다. 이제 거짓말쟁이 역설을 생각해보자. '이 문장은 거짓이다.' 그런데 사물의 두 가지 모임 즉 클래스와 집합이 있고, 이것으로 거짓말쟁이 역설을 물리칠 수 있다. 거짓말쟁이 집합은 실제로 고유 클래스이고, 집합이 아니다. 그러므로 자기를 포함하지 않는 집합의 클래스는 이제 잘 정의되고, 이것은 그 자신을 포함하지 않는다. 이것은 집합이 아니기 때문에 자신을 포함할 수 없다.

모든 집합들의 집합이 있을 수 없는 것과 똑같이, 모든 클래스들의 클래스도 있을 수 없다. 왜냐하면 모든 클래스에 대해 확인 가능한 공통 성질이 없기 때문이다. 단지 우리가 말로 표현할 수 있다는 이유만으로는 그것이 존재한다고 할 수 없다.

공집합은 수가 무엇인지 정의할 때 근본적인 역할을 하는 것으로 알려졌다. 1923년에, 박식한 천재 존 폰 노이만이 에른스트 체르멜로Ernst Zermelo*가 1908년에 이 문제에 접근한 방식을 사용해서 이것을 보였다. 순수 집합에 대한 우리의 정의를 돌아보면, 가장 단순한 순수 집합은 공집합 ∅이고, 그다음의 가장 단순한 것은 공집합만을 유일한 원소로 가지는 집합 {∅}이며, 그다음으로 단순한 집합은 공집합, 그리고 공집합만을 유일하게 원소로 가지는 집합을 원소로 가진다. 기호로 나타내면 다음과 같다. $\{\varnothing, \{\varnothing\}\}$. 그다음의 집합은 다음과 같은 세 원소로 이루어진다. 공집합, 그리고 앞에서 만들어낸 두 집합. 기호로 표기하면 다음과 같다. $\{\varnothing, \{\varnothing\}, \{\{\varnothing, \{\varnothing\}\}\}$. 이렇게 계속된다. 이제 우리가 할 수 있는 일은 공집합만을 사용해 중첩시켜서 만든 이 순수 집합의 배열을 이용하여 자연수를 정의하는 것이다. 이에 따라 공집합만으로 이루어진 집합과 부분집합들은 아래와 같이 자연수와 연결된다.

$0 = \varnothing$

$1 = \{0\}$, 즉 $\{\varnothing\}$

$2 = \{0, 1\}$, 즉 $\{\varnothing, \{\varnothing\}\}$

$3 = \{0, 1, 2\}$, 즉 $\{\varnothing, \{\varnothing\}, \{\varnothing, \{\varnothing\}\}\}$

$4 = \{0, 1, 2, 3\}$, 즉 $\{\varnothing, \{\varnothing\}, \{\varnothing, \{\varnothing\}\}, \{\varnothing, \{\varnothing\}, \{\varnothing, \{\varnothing\}\}\}\}$

$\vdots$

---

* J. von Neumann, "Zur Einführung der transfiniten Zahlen", Acta litterarum ac scientiarum Regiae Universitatis Hungaricae Francisco-Josephinae, Section scientiarum mathematicarum, 1923, 1: p. 199-208. 영역본은 다음의 책에 실려 있음. *From Frege to Gödel: A Source Book in Mathematical Logic, 1879-1931*, 3rd ed., Harvard UP, p. 346-354. 체르멜로가 1908년에 내린 초기의 정의는 다음과 같다. $0 = \varnothing$, $1 = \{\varnothing\}$, $2 = \{\{\varnothing\}\}$, $3 = \{\{\{\varnothing\}\}\}$, ⋯

특히, 1 + 1은 $\varnothing \cup \{\varnothing\}$에 대응되며, 이것은 $\{\varnothing, \{\varnothing\}\}$, 즉 2가 된다. 그러므로, 우리는 무에서 모든 것을 창조하는 방법을 찾았다! 파르메니데스는 고대에 '무에서는 아무것도 나오지 않는다Nothing comes from nothing, *Ex nihilo nihil fit*'라는 격언을 남겼고, 이는 셰익스피어 작품 속 리어 왕의 대사 '무에서는 아무것도 나오지 않을 것이다Nothing will come of nothing'*로도 언급되면서 우리에게 기억되고 있지만 말이다.

에른스트 체르멜로의 1908년의 정의는 같은 아이디어를 조금 다르게 하여 공집합에서 자연수를 구성하며, 다음과 같다. $0 = \varnothing$, $1 = \{\varnothing\}$, $2 = \{\{\varnothing\}\}$, $3 = \{\{\{\varnothing\}\}\}$, … 이렇게 계속된다. 그림 5.2.a와 5.2.b는 각각 폰 노이만과 체르멜로의 구성을 나타낸다.

덧셈을 했을 때 1+1=2를 따르지 않는 양도 많이 있다. 크기가 1인 두 힘을 서로에 대해 직각으로 더한

---

* 《리어 왕》1막 1장. 이것은 그 시대의 작가들이 즐겨 썼던 '무의 역설' 전통의 일부이며, 이것이 인기 있었던 이유는 이단이라는 혐의를 받을 수 있는 생각을 애매하게 돌려 말할 수 있기 때문이었다. 더 나아가, 그들은 정말로 그런 생각에 비판적이었다. 다음의 책을 참조하라. J.D. Barrow, *The Book of Nothing*, Jonathan Cape, London, 2000.[한국어판은 《無0眞空 : 철학 수학 물리학을 관통하는 nothing에 관한 우주론적 사유》(고중숙 옮김, 해나무, 2003)으로 출간되었다.—옮긴이] 문학의 허무 전통에 대해서는 앞의 책 2장에서 다룬다.

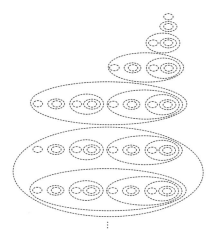

그림 5.2.a.
공집합에서 모든 수를 구성하는 방법−폰 노이만의 구성

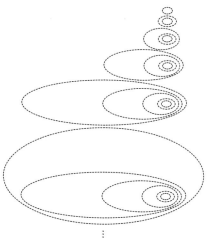

그림 5.2.b.
공집합에서 모든 수를 구성하는 방법−체르멜로의 구성

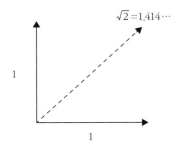

$\sqrt{2} = 1.414\cdots$

1

1

1

그림 5.3.
크기가 1인 두 힘이 서로 직각으로 작용할 때 합해진 힘의 크기는 2가 아니라
1.414이다.

다고 하자. 그 결과로 생기는 힘은 2가 아니다. 그림
5.3과 같이, 이 힘의 크기는 직각삼각형의 빗변의 크기
와 같다.

더해진 힘은 점선으로 표시된 대각선으로, 수직과 수
평의 힘에 대해 45도로 작용한다.* 이 힘의 크기 M은
직각삼각형의 빗변을 알려주는 피타고라스의 정리로
구할 수 있다.

$$M^2 = 1^2 + 1^2 = 2$$

_____

* 이것은 크기와 방향이 있는 양('벡터')을 더하기 때문이다. 가해
지는 힘의 각도가 수직이 아니면, 합해진 힘의 크기는 1.414가 아닌
다른 값이 된다.

따라서 크기가 1인 두 힘의 합 M은 2의 제곱근 즉 1.414이다.

6

화이트헤드와 러셀의
1+1=2 증명

논리학자의 작업이 영어를 명료하고 정확하게 어떤 주제에 대해
생각할 수 있는 언어로 만드는 데 얼마나 큰일을 했는가.《수
학 원리》는 수학보다 우리의 언어에 더 크게 기여했다.

—

T. S. 엘리엇*

*   Eliot, T. S., "Commentary", *The Monthly Criterion*, n. 6,
October 1927, p. 129.

버트런드 러셀과 알프레드 노스 화이트헤드는 케임브리지 대학교 트리니티 칼리지 소속이었다. 러셀보다 열 살쯤 많았던 화이트헤드가 러셀의 선생이 되었다. 그들은 작은 연구를 몇 가지 한 뒤에 거대한 프로젝트를 시작했다. 그것은《수학 원리Principia Mathematica》를 쓰는 일이었고, 그들은 10년 동안 이 일에 몰두했다. 실제로 그들이 함께 연구했던 기간은 그리 길지 않았다. 대부분의 연구는 1906년 가을부터 1909년 가을 동안에 이루어졌다. 당시에 화이트헤드는 케임브리지에 살았고 러셀은 옥스퍼드에 살고 있었다.* 완성본은 케임브리지 대학교 출판부에서 1910년에서 1913년 사이에 세 권으로 출판되었다. 수리논리학적인 내용을

---

*   I. Grattan-Guinness, "The Royal Society's financial support of the publication of Whitehead and Russell's Principia Mathematica", *Notes and Records of the Royal Society of London*, Vol. 30, 1975, p. 90.

담은 수천 페이지를 수작업으로 조판하는 비용은 엄청나게 비쌌고(600파운드), 왕립학회의 보조금에 러셀과 화이트헤드의 사비를 보태서 겨우 출판할 수 있었다. 책은 잘 팔리지 않았고, 러셀은 이 책을 읽은 사람이 여섯 명이 넘지 않을 것이라고 말하기도 했다. 1권의 표지에 표시된 가격은 1.25파운드였다. 나는 희귀 서적 판매 사이트(소피아 레어 북스Sophia Rare Books)에서 《수학 원리》의 새 책 같은 초판 양장본 세 권의 가격 문의에 대해 110,000달러가 제안된 것을 보았다!

화이트헤드와 러셀은 수학을 모두 논리로 환원시키기로 결정했고, 논리학의 표준적인 추론 규칙으로 수학의 완비성completness과 무모순성consistency을 증명하기로 했다. 그들은 우리 주변의 세계에서 볼 수 있는 어떤 것에도 의존하지 않으면서 최초의 공리를 최소한의 개수로 결정하려고 했다. 이 과정에서 그들은 여러 가지 논리와 추론 기호를 만들었다. '논리주의'라고 알려진 그들의 시도는 결국 실패했다. 가장 결정적인 논박은 오스트리아의 논리학자 쿠르트 괴델의 연구였다. 1931년에 괴델은 유한한 계(논리이건 다른 어떤 것이건)에 모순이 없고 그것이 산술을 포함할 정도로 크면, 그것으로 모든 수학적 진리를 유도할 수는 없음을 증명했다. 괴델의 연구에 대해서는 8장에서 더 알아볼 것이다.

《수학 원리》는 엄청난 지적 성취였다. 그러나 이 책의 서술은 매우 비효율적이었고, 반복적이고 비생산적인 지시로 가득했다. 집합은 언급되지 않았고, 나중에 고안된 몇몇 공식과 논리적 장치들은 수록되지 않았다. 이런 이유로 이 책은 널리 사용되지 않았고, 오늘날 수리논리학을 가르칠 때도 사용되지 않는다. 요즘에는 수학의 역사를 연구하는 사람들만이 관심을 가지는 듯하다. 트리니티 칼리지에서 러셀의 동료로 있었던 수학자 고드프리 하디Godfrey Hardy는 다음과 같은 재미난 이야기를 전한다.

버트런드 러셀이 나에게 말해준 끔찍한 꿈 이야기가 생각난다. 그는 서기 2100년쯤에 대학교 도서관 꼭대기 층에 있었다. 어떤 사서의 조수가 커다란 바구니를 가지고 서가를 돌아다니면서 책을 꺼내 슬쩍 본 다음에 서가에 다시 꽂거나 바구니에 던져 넣었다. 마침내 세 권짜리 커다란 책의 차례가 왔는데, 러셀은 그것이 마지막으로 남은 《수학 원리》라는 것을 알았다. 그는 한 권을 들어 몇 페이지를 들춰 보고 이상한 기호에 잠시 어리둥절해하다가, 책을 덮고 손에 든 채로 망설였다. …*

오늘날 수학자들은 단일한 논리학 또는 공리의 집합을 모든 수학의 기초로 삼으려는 시도를 그만두었다.[*] 그들은 수학의 분야에 따라 다른 공리 체계가 만들어질 수 있음을 인정한다. 유클리드 기하학, 비유클리드 기하학, 3치 논리학, 군론 등 온갖 종류의 대수학에 대해 각각의 공리 체계가 가능하다는 말이다. 수학자들의 관심은 공리에서 계산, 또는 특정한 작업('루틴')을 수행하는 일관성 있는 프로그램의 작성과 같은 주제로 옮겨갔다. 컴퓨터에게 지시를 내리려면 모순이 없고 잘 정의된 규칙들을 사용해야 한다. 어떤 유명한 현대

---

[*]   G.H. Hardy, *A Mathematician's Apology*, Cambridge UP, Cambridge, 1940, p. 83.[한국어판은 《어느 수학자의 변명: 수학을 너무도 사랑한 한 고독한 수학자 이야기》(정회성 옮김, 세시, 2016)로 출간되었다. ─ 옮긴이]]

[†]   스티븐 울프럼은 2000년에, 가능한 공리 체계의 공간을 컴퓨터로 탐색해보았고, 표준적인 명제 논리에 대한 가장 단순한 공리 체계를 발견했다고 한다. 그리고 이 결과로 그는 모든 가능한 형식론적인 공리 체계의 공간에서 논리학이 어디에 위치하는지 판단할 수 있었다. 규모에 따라 공리 체계를 자연스럽게 헤아렸을 때, 이것은 대략 50,000번째에 마주칠 수 있는 형식론 체계라고 한다. 우리가 사용하는 대부분의 수학 체계는 이 기초 논리학보다 더 큰 체계가 필요하다. 이 맥락에 대해, 그의 블로그 기사를 참조하라. https://writings.stephenwolfram.com/2010/11/100-years-since-principia-mathematica.

의 문제들, 예를 들어 4색 지도 채색 문제[‡]는 사람이 아니라 컴퓨터가 처음으로 풀었다. 이 문제는 경우의 수가 너무 많고, 또 반례들을 다루기 위해서 컴퓨터를 이용해야 했다. 이것은 화이트헤드와 러셀 이후에 이루어진 업적이지만, 기초는 그전에 세워져 있었다. 19세기에 조지 불George Boole이 불 대수[§]라는 대수학을 공식화했고, 프레게, 데데킨트, 페아노가 집합론을 이용해서 수를 정의했다. 그들은 수의 덧셈과 곱셈 과정을 공식화하기 위해 합집합과 교집합처럼 산술보다 더 넓은 범위에 적용되는 집합론의 개념을 이용했다.

수학을 논리 연산(오늘날의 용어로는, 본질적으로 컴퓨터 프로그램)으로 바꾸는 것을 목표로 삼았던 러셀이 이 연구를 하기 전에 라이프니츠의 뛰어난 전기를 쓴 것은 놀라운 일이 아니다. 라이프니츠는 17세기 후반에 어떤 문제든 집어넣으면 답을 내놓는 기계를 만들려고 했다. 그가 상상한 계산기는 수학이든, 신학이든, 정치든, 어떤 문제든 다 풀 수 있는 계산기였다.

[‡] 지도에서 인접한 두 나라를 같은 색깔로 칠하지 않기 위해서 필요한 최소의 색이 네 가지임을 증명하는 문제.

[§] G. Boole, *An Investigation of the Laws of Thought*, Walton & Maberly, London, 1854.

	존	피노	알레시아	조
존	존	피노	알레시아	조
피노	피노	알레시아	조	존
알레시아	알레시아	조	존	피노
조	조	존	피노	알레시아

표 6.1.
덧셈 규칙. 예를 들어 피노＋피노＝알레시아, 알레시아＋조＝피노.

이러한 사실에서 도출해낼 수 있는 교훈은, 모순만 없다면 수학 체계를 우리가 원하는 어떤 방식으로도 정의할 수 있다는 것이다. 그것은 물리적인 세계에 대응되는 사례가 있을 필요도 없고, 물리적 세계에서 동기를 얻어야 할 필요도 없다. 수학은 자유롭게 고안한 게임과도 같다. 한 가지 예를 보자. 네 가지 양이 있다고 하고, 그것을 각각 존, 피노, 알레시아, 조라고 하자. 이 양들을 서로 더하고 곱하는 규칙을 표 6.1과 6.2처럼 정의할 수 있다.

우리가 화이트헤드와 러셀의 복잡한 논리학 연구에 대해 알아보는 이유는 이것이 단순한 공리로부터 1＋1＝2를 증명하기 때문이다. 이 증명은 수백 쪽이 지난 다음에, 1권과 2권에 나뉘어 나온다. 물론, 그동안에 여러 가지 다른 것들을 전개하고 증명한다.

104

	존	피노	알레시아	조
존	존	존	존	존
피노	존	피노	알레시아	조
알레시아	존	알레시아	존	알레시아
조	존	조	알레시아	피노

표 6.2.
곱셈 규칙. 예를 들어, 피노 × 피노=피노, 알레시아 × 조=조 × 알레시아=알레시아.

107쪽의 그림 6.1*에서《수학 원리》에 나오는 문장을 맛볼 수 있다. 이것은 1+1=2를 증명하는 문장의 일부이다. 이것을 수리논리학에 익숙하지 않은 독자들이 이해할 수 있도록 설명해보겠다.

이들은 오늘날 우리가 사용하는 논리학과는 완전히 다른 기호와 표기법을 사용한다. 그러나 핵심 아이디어를 번역해서 그들의 논리가 어떻게 작동하는지 살펴보자. 그들은 괄호 대신에 점을 사용해서 집합 속 집합의 순서를 나타냈다(이 표기법은 페아노에게서 온 것이다. 페아노는 파리의 학회에서 러셀을 만났을 때 이 표기법을 알려주었다). 이것은 중첩된 괄호가 많을 때 더 단순해지

---

* vol. 1, p. 379.

는데, 우리에게는 익숙하지 않다. 통상적인 표기로 다음과 같은 식이 있다고 하자.

$$((1+3) \times 4)+6$$

이를 《수학 원리》에서는 이렇게 쓴다.

$$1+3. \times 4:6$$

콜론(쌍점) :은 실제로 이중의 점이다. 콜론으로 공식 전체가 분리되어 식 전체에 6을 더하므로 답이 22가 된다. 더 복잡한 공식에서는 점을 세 개 또는 네 개(혹은 더 많이) 사용해서 :., .: 또는 ::와 같은 식으로 계속할 수 있다.

그림 6.1의 첫 번째 줄 54·43은 이렇게 읽힌다. 현대의 표기법에서 기호 ⊢는 그 공식이 참이라고 주장한다는 의미다. 기호 ⊃는 논리적 함의이고, ≡은 논리적 동치이다. 기호 ∩와 ∪는 그대로 교집합과 합집합이며, $y \in Z$는 y가 집합 Z의 원소라는 뜻이다. 첫 번째 문장의 나머지 부분은 다음과 같은 의미이다. α와 β는 집합이다. 기호 1은 1을 공통으로 가지는 모든 집합들의 집합이다. 그들은 대문자 Λ[람다]를 사용해서 공집합을

106

$*54\cdot43$. $\vdash :. \alpha, \beta \in 1 . \supset : \alpha \cap \beta = \Lambda . \equiv . \alpha \cup \beta \in 2$

    Dem.

      $\vdash . *54\cdot26 . \supset \vdash :. \alpha = \iota`x . \beta = \iota`y . \supset : \alpha \cup \beta \in 2 . \equiv . x \neq y .$

      $[*51\cdot231]$ $\equiv . \iota`x \cap \iota`y = \Lambda .$

      $[*13\cdot12]$ $\equiv . \alpha \cap \beta = \Lambda$ (1)

      $\vdash . (1) . *11\cdot11\cdot35 . \supset$

            $\vdash :. (\exists x, y) . \alpha = \iota`x . \beta = \iota`y . \supset : \alpha \cup \beta \in 2 . \equiv . \alpha \cap \beta = \Lambda$ (2)

      $\vdash . (2) . *11\cdot54 . *52\cdot1 . \supset \vdash . \text{Prop}$

  From this proposition it will follow, when arithmetical addition has been defined, that $1 + 1 = 2$.

$*110\cdot643$. $\vdash . 1 +_o 1 = 2$

    Dem.

                  $\vdash . *110\cdot632 . *101\cdot21\cdot28 . \supset$

                  $\vdash . 1 +_o 1 = \hat{\xi}\{(\exists y) . y \in \xi . \xi - \iota`y \in 1\}$

                  $[*54\cdot3]$ $= 2 . \supset \vdash . \text{Prop}$

  The above proposition is occasionally useful. It is used at least three times, in $*113\cdot66$ and $*120\cdot123\cdot472$.

그림 6.1.

《수학 원리》에서 1+1=2의 증명 부분 발췌

표기한다. 우리는 공집합을 $\varnothing$ 또는 { }으로 표기한다.

  그림 6.1에서 54·43이 있는 첫째 줄이 보여주려고 하는 것은 다음과 같다. 집합 α와 β가 각각 정확히 원소를 하나만 가지면, 이 두 집합이 서로소disjoint(집합론에서 공유하는 원소가 없는 집합들을 서로소라고 부른다—옮긴이)라는 것과 합집합이 정확히 두 원소를 가진다는 것이 논리적 동치if and only if(필요충분조건)이다. 증명은 용어 Dem.('Demonstration'의 축약이다) 뒤에 나오며, 그림 6.1의 54·26 행은 다음과 같은 의미다. $\alpha = \{x\}$이고 $\beta = \{y\}$이면, $\alpha \cup \beta$가 두 원소를 가진다는 것

과 x가 y와 다르다는 것이 논리적 동치이다. 그다음에 51·231 행은 이렇게 말한다. 'x가 y와 다르다'는 명제는 집합 $\{x\}$와 $\{y\}$가 서로소라는 것과 논리적 동치이다. 그다음 13·12행에 의해 $\alpha \cap \beta = \Lambda$(이것은 공집합 $\varnothing$이다)이다.

이 시점에서 그들은 이렇게 결론을 내린다. (1)로 표시된 결과와 같이 $\alpha = \{x\}$이고 $\beta = \{y\}$이면, $\alpha \cup \beta = 2^*$와 $\alpha \cap \beta = \Lambda$가 논리적 동치이다. 이 정리를 (2)로 표시하는데, 이것은 54·43에서 증명하려고 했던 것을 증명한다. 이것은 본질적으로 $1 + 1 = 2$임을 보여주었는데, α와 β가 각각 원소 하나를 가지고 서로소이면 그 합집합이 원소 둘을 가진다는 것을 보였기 때문이다. 이 최종 단계가 두 번째 발췌인 그림 6.1 아래쪽의 110·643에 나와 있다. $1 + 1$을 계산하려면 서로소인 1의 예 두 가지를 찾은 다음에, 그것의 합집합을 만든다. 정리 54·43은, 우리가 선택한 예가 무엇이든 그 합집합은 원소 둘을 가져야 한다고 주장한다. 그러므로 마침내 $1 + 1 = 2$이다. 저자들은 $1 + 1 = 2$를 이렇게 공들여 증명한 다음에, 절제된 표현으로 이 결과가 '가끔 유용하

---

*   기호 2는 2를 공통으로 가지는 모든 집합들의 집합을 의미한다.

다'고 덧붙였다! 이것은 쉽지 않은 주제이지만, 더 살펴보지는 않을 것이다. 러셀은 이 연구가 너무 힘들어서 정신적인 압박감을 느꼈다. 그 후 화이트헤드도 러셀도 수학의 기초에 대한 주제를 다시는 자세히 연구하지 않았다.

7

초한 산술

무한은 가능함을 불가피함으로 바꾼다.

—

노먼 커즌스*

* *The Saturday Review*, 15 April 1978.

무한에 대해 가장 깊이 탐구한 고대의 철학자는 아리
스토텔레스였다.* 그는 두 가지 유형의 무한에 대해 말
했다(잠재적 무한potential infinity을 가假무한, 실재하는 무
한actual infinity을 실實무한으로 부르기도 하지만, 이 책에
서는 뜻을 쉽게 알기 위해 잠재적 무한, 실재하는 무한이라
는 용어를 사용했다─옮긴이). 하나는 '잠재적 무한'으
로, 자연수처럼 1, 2, 3, 4, …로 계속된다. 또는 음의 방
향으로 무한히 진행되어서, … , -6, -5, -4, -3, -2,
-1에서 볼 수 있듯이 시작이 어디인지 결코 알 수 없
다. 이러한 수열은 결코 끝나지 않으며(끝난다고 생각한
다면, 그 끝에 그냥 하나를 더해보라), 영원히 계속된다. 우
리는 이것이 무한으로 '가는 경향'이 있다고 하는데, 결
코 무한에 닿지는 않기 때문이다. 이 모든 것들이 잠재

---

* 널리 알려진 제논의 역설도 매우 심오하다. 기원전 450년에 제
논이 만든 이 역설은 20세기에 와서야 해결되었다.

적 무한의 예시이며, 아리스토텔레스는 잠재적 무한은 존재해도 좋다고 보았다. 그러나 아리스토텔레스는 '실재하는 무한'을 거부했다. 실재하는 무한이란 측정 가능하고 관찰 가능한 국소적인 양이 무한한 값을 가지는 경우를 말한다. 예를 들어 온도, 밝기, 물질의 밀도, 힘, 속력 같은 값들이 무한한 값이 되면 아리스토텔레스의 세계관이 가진 다른 성질들에 문제가 생긴다. 그는 국소적인 완전한 진공의 존재도 거부했다. 진공에서는 운동에 대한 저항이 없어서 물체가 무한한 속력을 가질 수 있기 때문이다. 하지만 그는 과거와 미래 시간의 잠재적 무한은 허용했는데, 시간의 시작이나 끝이 없다고 보았기 때문이다. 또 그는 물질을 무한히 나눌 수 있다고 생각했다. 예를 들어 두 점 사이에는 항상 중점이 있다. 서로 다른 두 실수 또는 두 분수($x < y$) 사이에는 언제나 그 중점인 $\frac{x+y}{2}$가 있다는 것이다. 아리스토텔레스는 직선의 밀도뿐만 아니라 연속성까지 고려했던 것이다. 반면에 원자론자들은 분할 불가능한 최소 단위인 '원자'가 있고, 모든 것이 원자로 이루어져 있다고 보았다.

중세에 와서 아리스토텔레스 철학이 가톨릭 신학에 통합되자, 무한과 가톨릭 신학 사이에 두 가지 핵심적인 면에서 갈등이 있었다. 그 첫째이자 가장 명백했던 것은 신만이 무한하다는 생각에 대해서였다. 신 외에 다른 무한이 존재한다는 모든 주장은, 수학이건 무엇이건 이 교조에 대한 도전이고 이단이었다. 데카르트는 무한을 연구하면서 이러한 편향에 대해 다음과 같이 썼다.

따라서 '무한'이라는 용어를 신에게만 쓰려고 한다. 오로지 신에 대해서만은, 우리는 어떤 면에서든 어떤 한계도 인지할 수 없을 뿐만 아니라, 어떤 한계도 존재하지 않는다고 확실히 알 수 있다.*

반면에 또 다른 프랑스의 심오한 사상가 블레즈 파스칼은 자연에 존재하는 두 가지 무한을 크게 강조했다. 하나는 무한히 큰 것이고, 또 하나는 대개 잘 드러나지 않고 무시되는 것으로, 무한히 작은 것이다. 무한소는 모든 물체 속에 존재하며, 당신의 손바닥 안에도 존재하기 때문에 훨씬 더 흥미롭다.†

---

* R. Descartes, *Principles of Philosophy*, 27, quoted in M. Blay, *Reasoning with the Infinite*, Univ. Chicago Press, Chicago, 1993.[한국어판은 동서문화사와 아카넷에서 '철학의 원리'라는 제목으로 출간되었다.—옮긴이]

† 무한에 대한 태도의 역사에 대한 폭넓은 논의는 다음 책을 참조하라. J.D. Barrow, *The Infinite Book*, J. Cape, London, 2005.[한국어판은 《무한으로 가는 안내서: 가없고 끝없고 영원한 것들에 관한 짧은 기록》(전대호 옮김, 해나무, 2011)으로 출간되었다.—옮긴이]

다른 문제는 잠재적 무한, 예를 들어 끝없이 계속되는 수열 같은 것이 전지전능한 신이라는 개념과 모순되지 않는가 하는 것이다. 신은 이런 수열의 끝을 정할 수 있고, 무한의 본성을 알 수 있는가? 성 아우구스티누스는 그렇다고 생각했다. 그는 신의 지식이 무한의 도전을 물리칠 수 있다고 보았다.

> 신의 예지조차 무한한 사물을 포용하지 못한다는 주장이 있다. 이런 말을 한다면, 깊은 신성모독에 뛰어들어 감히 신이 모든 수數를 알지 못한다고 우기는 것이다. … 이것은 수가 무한하기 때문에 신도 모든 수를 알지 못한다는 뜻인가? 신의 지식은 수열의 어떤 수까지의 합만을 알 수 있고 더 나갈 수 없는가? 누구도 이런 말을 할 만큼 정신이 이상해질 수는 없을 것이다. … 모든 수를 알 수 있음을 결코 의심하지 말라. … 모든 무한은, 우리가 표현하지 못하는 어떤 방식으로, 신에게 유한하다. 무한도 신의 지식에서 벗어나지 못하기 때문이다.*

이 문제는 신이 하는 일이 자연 법칙과 논리에 제한

---

* 　아우구스티누스, 《신국론City of God》, 제12권 18장.

을 받는지에 대해 중세 초기에 일어났던 논쟁으로 절정에 달했다. 결론은 신이 논리적으로 가능한 모든 일을 할 수 있고(따라서 신은 보통의 산술에서 $1+1=3$을 만들 수는 없다), 알려질 수 있는 모든 것을 알 수 있다는 것이다. 그러므로, 주사위를 던졌을 때 나올 수 있는 결과는 원리적으로 던지기 전에는 알 수 없다고 판정될 수 있다(주사위를 던지는 동역학에 대한 자세한 정보가 있으면 그렇지 않을 수도 있다).[†]

[†] 단순한 예로 동전을 수직으로 해서, 바닥에서부터의 높이 H까지 속력 V로 던진다고 하자. 그러면 동전은 t시간 이후에 높이 $h = H + Vt - \frac{1}{2}gt^2$로 올라갈 것이다. 여기에서 g는 중력에 의한 가속도이다. 그러므로 동전은 시간 $T = \frac{2V}{g}$ 이후에 $h = H$인 던진 사람의 손으로 돌아올 것이다. 동전을 던질 때 회전이 초당 R회로 주어지면, 동전은 N회를 완전히 회전할 것이고, 여기에서 $N = T \times R = \frac{2VR}{g}$이다. 이제 우리는 N 회전을 하도록 던졌을 때의 결과를 예측할 수 있다. N이 1이고, 던질 때 뒷면이 위를 향하면 떨어질 때도 뒷면이 위를 향한다. N이 2와 3 사이, 4와 5 사이, 6과 7 사이 등이면, 던질 때 위쪽인 면이 위를 향한 상태로 떨어질 것이다. 그러나 동전을 던질 때 N이 3과 4 사이, 5와 6 사이, 7과 8 사이 등이면 반대쪽의 면이 위를 향한 상태로 떨어질 것이다. 전형적인 값으로 V는 대략 $2m/s$, $g = 9.8m/s^2$이며, 따라서 $\frac{2V}{g} = 0.4s$이다. 20회전을 할 만큼 충분한 시간을 들여서 더 무작위로 만들려고 한다면, 초당 회전은 $\frac{20}{0.4} = 50$회로 하면 된다. 자세한 것은 다음 책을 참조하라. J.D. Barrow, *100 Essential Things You Didn't Know You Didn't Know About Sport*, Bodley Head, London, 2012, chapter 94.[한국어판은 《일상적이지만 절대적인 스포츠 속 수학 지식 100》(박유진 옮김, 동아엠앤비, 2016)으로 출간되었다.—옮긴이]

수학에 무한을 허용하지 않으려는 경향은 중세가 끝난 뒤에도 훨씬 오랫동안 이어졌다. 카를 프리드리히 가우스 같은 19세기의 위대한 수학자들도 여전히 유일한 무한은 아리스토텔레스가 말한 '잠재적' 무한뿐이라고 주장했다. 물리적 무한은 있을 수 없으며, 무한이 포함되는 수학 연산은 할 수 없다고 보았다. 이것을 허용하면 $1 + \infty = \infty = 2 + \infty$이므로, $1 = 2$가 된다.

영향력이 큰 수학자들 중에서도 수학에 무한을 포함시키면 수학의 논리적 구조 전체가 무너질 것이라고 염려한 사람들이 많았다. 논리 체계에 하나의 오류만 있어도 아무것이나 참이라고 증명할 수 있게 된다는 것이다. 이것이 수학의 '유한주의finitism'로 발전했다. 이 관점에서는 산술의 최초 공리에서 유한한 단계로 증명되는 것만 '참'인 정리로 받아들인다. '구성주의constructivism'라고 부르기도 하는 이 관점에 대해서는 10장에서 더 살펴볼 것이다. 수학적 진리에 대한 이러한 정의는 비非구성주의적 증명을 포함하지 않기 때문에 수학의 범위가 오늘날 우리가 사용하는 수학보다 훨씬 더 좁아지게 된다. 비구성주의적 증명이란 이런 것이다. '어떤 것'이 참이라고 가정한 다음에 그 가정에 논리적 모순이 있음을 추론해내면, 그 최초의 '어떤 것'은 참일 수가 없게 된다. 이 철학은 수학에서 큰 균열을 일으켰다. 구성주의적 관점을 강하게 지지하는 사람들이 학술지 편집자나 학술기관 대표같이 영향력이 큰 자리를 차지했기 때문이다. 수학적 진리의 의미에 대한 논의를 독점하고 비구성주의적 논문의 출판을 불허하는 횡포에 항의하기 위해 편집진 전체가 일괄 사퇴하는 소동이 벌어지기도 했다.

이 불화로 큰 피해를 본 사람이 독일의 수학자 게오르크 칸토어Georg Cantor였다. 그는 무한을 엄밀하고 매혹적인 주제로 만들었고, 그의 연구는 이제 고전이 되었다. 칸토어는 자기의 연구가 수학 출판의 문지기들에게 박대를 받자 정신적으로 큰 상처를 받았다. 그는 한동안 수학 연구에서 벗어나 셈counting의 기원을 연구하기도 했고(이 책의 2장 참조), 제도사와 화가로서 상당한 재능을 발전시키기도 했으며, 심지어 셰익스피어 작품의 진짜 저자가 다른 사람일지도 모른다는 의문을 파고들기도 했다. 칸토어는 무한집합을 바르게 정의하는 방법을 보여주었고 그런 다음에 무한에는 점점 더 커지는 계층 구조가 있다는 것을, 이러한 맥락에서 '더 크다'는 것의 의미를 정밀하게 보여줌으로써 입증했다. 그런 다음에 그는 이른바 '초한 산술'이라고 부르는 무한한 양들의 산술을 보여주었다. 나중에 보겠지만, 이러한 산술은 페아노가 정의하고 우리가 일상적으로 사용하는 유한한 수의 산술과 다른 규칙을 따른다. 무한 ∞을 다루는 새로운 산술은 다음과 같다.

$$\infty + 1 = \infty$$

$$\infty + \infty = \infty$$

$$\infty - 1 = \infty$$

$$\infty \times \infty = \infty$$

칸토어는 그의 실마리를 갈릴레오에게서 찾았다. 갈릴레오는 셈에서 이상한 면을 알아챘다.* 그는 자연수 목록 1, 2, 3, 4, 5, …가 무한이므로 그 제곱수들의 목록 1, 4, 9, 16, 25, …도 무한이라고 지적했다. 갈릴레오는 이렇게 썼다.

사실 100까지의 수 중에서 제곱수는 10개이다. 다시 말해 제곱수는 원래 수의 $\frac{1}{10}$을 차지한다. 10000까지에 대해서는, 그중에서 $\frac{1}{100}$만이 제곱수이다. 그리고 100만까지에 대해서는 그중 $\frac{1}{1000}$만이 제곱수이다.

---

*   G. Galileo, *Two New Sciences*, transl. S. Drake, U. Wisconsin Press, 1974, p.34.[한국어판은《새로운 두 과학》(이무현 옮김, 사이언스북스, 2016)으로 출간되었다.— 옮긴이]

분명히 제곱수의 목록은 원래의 수보다 작다. 이것은 제곱수의 목록이 모든 수로 이루어진 원래의 목록의 부분집합이기 때문이다. 그리고 이것은 당연해 보인다. 그러나 갈릴레오는 첫 번째 목록과 두 번째 목록을 다음과 같이 묶을 수 있다고 지적했다.

$$1 \leftrightarrow 1$$
$$2 \leftrightarrow 4$$
$$3 \leftrightarrow 9$$
$$4 \leftrightarrow 16$$
$$5 \leftrightarrow 25$$
$$\vdots$$

이렇게 계속된다.

그러면 첫 번째 목록의 모든 자연수(위 숫자들의 왼쪽 열)는 제곱수 목록(오른쪽 열)에서 단 하나의 수와 연결된다. 그러므로 두 열이 가지는 항목의 수는 같아야 한다! 갈릴레오는 무한이 역설을 만들며, "무한한 양이 다른 무한보다 더 크거나 더 작거나 그것과 같다고 할 수 없기 때문에, 우리는 무한한 양에 대해 말할 수 없"고, 그래서 무한을 그대로 두는 것이 좋다고 말했다. 여러분이 단순한 예를 직접 찾아볼 수도 있다. 자연수

중에서 모든 짝수(2, 4, 6, 8, …) 또는 모든 홀수(1, 3, 5, 7, …)를 갈릴레오의 논의에서 제곱수 대신에 사용해볼 수도 있다.*

아이작 뉴턴의 어마어마한 지성도 무한의 수수께끼에 대해서는 실수를 피하지 못했다. 그는 갈릴레오의 역설에서 제곱수가 실제로 더 적게 있다고 믿었고, 다음과 같이 반박했다(갈릴레오가 보여주었고 칸토어가 매우 명료하게 밝혔듯이, 그의 논의는 틀렸다).

> 1인치 안에 무한히 작은 조각들이 무한히 많이 들어 있지만, 1피트 안에는 12배 많은 수가 들어 있다. 다시 말해, 1피트 안에 들어 있는 그러한 조각들의 무한한 수는 1인치 안에 들어 있는 무한한 수와 같지 않고, 12배 더 많다.†

---

* 이런 일은 유한한 수와 그 제곱수에서는 일어나지 않는다. 예를 들어, 수의 모임이 1, 2, 3, 4이고 그 제곱수가 1, 4, 9, 16이면, 1과 4만이 양쪽 목록에 들어 있다. 이 경우 네 제곱수의 목록은 원래 수 목록의 부분집합이 아니다.

† 뉴턴이 벤틀리에게 보낸 무한에 대한 두 번째 편지. 다음 책 참조. I.B. Cohen, *Isaac Newton's Papers & Letters on Natural Philosophy*, Harvard UP, Mass., 1958, p. 295.

1873년에 칸토어는 갈릴레오가 그렇게 당혹스러워했던 무한의 역설을 해결할 실마리를 찾았다. 갈릴레오와 뉴턴의 예에는 단순한 특징이 있다. 두 집합이 있는데, 하나가 다른 하나의 부분집합인 것처럼 보이기 때문에 역설이 일어난다(예를 들어 모든 자연수는 그 제곱수들을 부분집합으로 가진다). 그래서, 무한한 집합이란 자기의 부분집합‡과 일대일 대응이 될 수 있는 집합이라고 **정의**된다. 이것은 자연수와 그 제곱수를 대응시킨 갈릴레오의 방법을 그대로 정의에 적용한 것이다.§

칸토어는 이러한 집합과 자연수의 일대일 대응이 단순히 원소의 개수를 세는 것임을 깨달았다. 그래서 그는 자연수와 일대일 대응 관계인 모든 무한집합을 **셀 수 있는 무한**countable infinity이라고 불렀고, 히브리 문자 알레프에 아래 첨자 0을 붙여서 $\aleph_0$으로 표기했다. 그는 이것을 **집합의 크기**cardinality라고 불렀다. 그러나

---

‡   더 정확하게 말하자면 '진부분집합'이라고 해야 한다. 이것은 원래의 집합과 똑같은 집합이 아니다. 짝수는 자연수의 진부분집합이다. 자연수는 자연수의 부분집합이기는 하지만 진부분집합은 아니다.

§   무한을 이런 방식으로 정의한 것은 칸토어가 아니라 데데킨트였다. 칸토어가 제안한 방식은 다음과 같다. 무한집합이란 양의 정수 n에 대해서 $\{1, 2, \cdots, n\}$과 일대일 대응을 시킬 수 없는 집합이다. 이 둘은 같은 것을 말하는 다른 방식인 것으로 여겨진다. 그러나 둘이 동등하다고 증명하기는 전혀 쉽지 않다.

이것은 시작일 뿐이었다. 그는 뒤이어 점점 더 큰 무한의 탑이 끝없이 계속된다는 것을 보여주는 엄청난 지적인 모험을 감행했다. 이 과정에서 그는 수학사에서 최고라 할 수 있는 증명 두 가지를 해냈다. 첫째, 그는 모든 분수(그리스인들이 부른 대로 유리수rational number), 즉 p와 q가 자연수일 때 $\frac{p}{q}$로 나타낼 수 있는 양들이 셀 수 있는 집합임을 증명했다. 이 증명을 위해 그는 유리수를 세는 기발한 방법을 고안했다. 이것을 칸토어의 대각선 방법이라고 하며, 다음과 같다. 먼저 $p+q=2$인 모든 분수(이 경우에는 $\frac{1}{1}$뿐이다)를 나열하고, 그다음에 $p+q=3$인 모든 분수($\frac{1}{2}, \frac{2}{1}$)를 나열하고, 그다음에는 $p+q=4$인 모든 분수($\frac{1}{3}, \frac{2}{2}, \frac{3}{1}$)를 나열하는 식으로 계속한다. 이렇게 체계적으로 모든 분수를 셀 수 있는 방식으로 나열할 수 있다. 이때 나열된 분수는 자연수와 일대일로 대응된다. 그러므로 유리수와 자연수는 둘 다 셀 수 있는 무한이며, 칸토어의 집합의 크기는 $\aleph_0$이다.

그다음 단계에서 칸토어는 놀라운 통찰력을 발휘했다. 그는 무한집합 중에는 자연수와 일대일 대응을 시킬 수 없다는 의미에서 $\aleph_0$보다 그냥 큰 정도가 아니라 무한히 큰 집합이 있다는 것을 알아냈다. 이것은 셀 수 없는 무한이다. 이것을 셀 수 있는 체계적인 방법은 없다. 이것은 그저 너무 많을 따름이다.

칸토어는 수학자들이 '실수real number'라고 부르는 것을 고려했다. 모든 실수를 $\frac{p}{q}$와 같은 분수의 형태로 나타낼 수 있는 것은 아닌데, 모든 무한소수가 실수이기 때문이다. 무한소수 중에는 유리수(예를 들면 $\frac{1}{3} = 0.33333333\cdots$)도 있고, π($3.1415926535\cdots$)나 e($2.7182818284\cdots$)처럼 유명한 무리수도 있다.

칸토어는 모든 무한소수의 집합이 셀 수 있는 집합이 아님을 증명했다. 무한소수는 $\aleph_0$가 되기에는 너무 많다. 그는 이것을 다음과 같은 방식으로 증명했다. 무한소수를 셀 수 있는 집합이라고 가정하고, 무한소수의 목록 전체를 상상하자. 설명을 위해 사용하는 목록을 어떻게 잡아도 증명의 타당성에는 아무 영향을 주지 않는다. 소수의 무한한 목록에서 처음 몇 개의 소수만 임의로 나열해보자. 다음과 같이 일곱 개의 소수를 쓰고, 이 목록을 자연수로 셀 수 있다는 가정(칸토어는 이것이 틀렸다는 것을 보인다)에 따라, 이 소수들 앞에 1에서 7까지 번호를 붙인다. 첫 번째 소수의 첫째 자리 수에 밑줄을 긋고 그 아래에 있는 소수에서는 한 자리 옮겨서 밑줄을 긋는 방식으로, 대각선으로 한 자리씩 내려가면서 밑줄을 긋는다.

$$1 \longrightarrow \underline{3}.23610984\cdots$$
$$2 \longrightarrow 0.\underline{2}3566789\cdots$$
$$3 \longrightarrow 0.5\underline{7}560366\cdots$$
$$4 \longrightarrow 0.46\underline{3}77521\cdots$$
$$5 \longrightarrow 0.846\underline{2}1340\cdots$$
$$6 \longrightarrow 0.5621\underline{0}628\cdots$$
$$7 \longrightarrow 0.46673\underline{2}30\cdots$$
$$\vdots$$

이렇게 계속한다.

대각선으로 밑줄을 그은 수만 모아서 만든 수는 다음과 같다.

$$3.273202\cdots$$

이제 이 수를 이용해서 위의 목록에 나열된 어떤 수와도 같지 않은 수를 만들어낼 수 있다(또한 어떤 목록에 대해서도 이런 수를 만들 수 있다). 위의 수에 각 자리마다 1을 더한다. 그 결과는 다음과 같다.

$$4.384313\cdots$$

문제의 설정에 따라, 이 수는 목록의 어디에서도 나올 수 없다. 이 수는 목록에 있는 어떤 수와 비교해도 적어도 한 자리가 다르다. 따라서 우리는 실수를 체계적으로 셀 수 없다는 결론에 이른다. 실수는 **셀 수 없는** uncountable 무한이다. 이 무한을 연속체continuum라고 하고, 히브리 기호로 알레프−1, 즉 $\aleph_1$로 표기한다.

칸토어는 거장의 솜씨로 기존의 무한과 일대일 대응이 되지 않는, 확실히 다른 무한이 있음을 보였다. 이것은 수학에서 가장 위대한 발견들 중 하나이다. 이것은 과학적 응용에서 접할 수 있는 가장 큰 연속체라고 말할 수 있다. 이것이 실수의 크기와 같으며, 복소수의 크기와도 같음을 보일 수 있기 때문이다. 그러나 수리논리학에는 훨씬 더 큰 무한도 있다. 칸토어는 이러한 무한들이 끝없는 탑을 이루고 있다는 것까지 증명했다. 여기에서 '더 큰' 무한이라고 말한 것은, 이 연속체가 이야기의 끝이 아님을 강조하려는 의도이다. 끝없이 더 커지는 무한의 탑이, 각각이 앞의 것보다 더 커지면서 일대일 대응이 되지 않는 것을 만들 수 있는 것이다.

멱집합power set이 바로 이런 성질을 가진 집합이다. 멱집합이란 어떤 집합의 모든 부분집합을 원소로 가지는 집합을 말한다. 멱집합은 언제나 원래의 집합보다 더 큰 무한이 된다. 어떤 집합의 원소가 N개이면, 그 멱집합의 원소는 2^N개이다. 예를 들어 원소가 세 개인 집합 $\{1, 2, 3\}$의 멱집합은 다음과 같다.

$$\{\,\varnothing\,, 1, 2, 3, \{1, 2\}, \{1, 3\}, \{2, 3\}, \{1, 2, 3\}\}$$

이 집합의 원소는 $2^3 = 8$개이다.

같은 방식으로 무한집합의 멱집합을 생각해볼 수 있다. $\aleph_1$의 멱집합은 $2^{\aleph_1}$개의 원소를 가진다. 이것은 $\aleph_1$의 원소들과 일대일 대응을 이룰 수 없으며, 이러한 연속체*를 $\aleph_2$로 표기한다.

칸토어의 순차적으로 커져가면서 서로 구별되는 무한의 멱집합은 끝없이 이어진다. 무한집합에 멱집합을 취했을 때 원래의 것과 일대일 대응을 시킬 수 없기 때문에 더 큰 무한이 만들어진다면, 더 큰 무한이라는 것의 의미가 없다.

그러므로 칸토어의 무한의 탑은 끝없이 이어진다. 끝

---

*   칸토어는 $\aleph_0$보다 크고 $\aleph_1$보다는 작은 중간 크기의 무한이 없다는 것을 증명하려고 했다. 칸토어가 증명에 실패한 이 문제는 연속체 가설이라는 이름으로 수학의 주요 문제로 남았다. 1940년에 쿠르트 괴델이, 1963년에 폴 코언Paul Cohen이 이 문제를 증명할 수도 반박할 수도 없다는 것을 밝혔다. 이것은 **결정불가능**undecidable하다. 일반화된 연속체가 있을 때, 무한히 커지는 탑의 구성원들 사이에 중간 단계의 무한은 없다고 생각된다. 그러므로 모든 수 k에 대해 $2^{\aleph_k} = \aleph_{k+1}$이다.

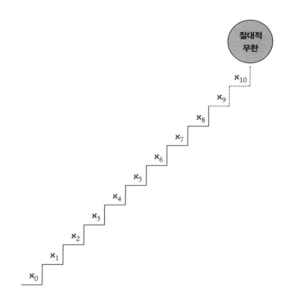

그림 7.1.
점점 더 큰 무한으로 순차적으로 높아지는 칸토어의 탑

없이 높아지는 탑에서 무한한 단계를 넘어선 영역을
절대 무한이라고 부르며, 대문자 Ω[오메가]로 나타낸
다. 이것은 무한을 단순히 공식만으로는 파악할 수 없
다는 것과 가능한 수학적 진리의 수는 무한하다는 것
을 보여준다. 헌신적인 루터교 신자였던 칸토어는 Ω의
성질이 신과 같다고 보았고, 이렇게 썼다.

실재하는 무한은 세 가지 관계에 의해 구별된다. 첫

번째는 최상의 완성으로 실현되며 세상을 벗어나 완전히 독립적인, 신 안에 존재하는 무한이다. 나는 이것을 절대적 무한, 또는 단순히 절대라고 부른다. 두 번째는 창조된 세계 속에서 표현되는 의존적인 무한이다. 세 번째는 수학적인 양, 수, 순서의 한 유형으로, 추상적인 사고 대상으로서의 무한이다.*

안셀무스는 신의 존재를 증명하기 위해 그 유명한 존재론적 증명을 고안했다. 그의 논증은, 신은 우리가 떠올릴 수 있는 어떤 것보다 위대하고 다른 어떤 것보다 높다는 생각에서 출발한다. 칸토어가 절대적 무한을 대하는 관점은 안셀무스가 신을 보는 관점과 비슷하다.†

불행하게도 칸토어의 거대한 통찰은 주도적인 수학 학술지를 장악한 보수적인 문지기들에게 박대를 당했다. 유한주의자들은 이것을 완전히 거부했고, 칸토어에게는 "젊은이를 타락"시키는 "과학의 사기꾼"이라는

---

* https://www.uni-siegen.de/fb6/phima/lehre/phima10/quellentexte/handout-phima-teil4b.pdf.

† 칸토어의 추론을 반대 방향으로 따라가면 절대적인 음의 무한에 도달할 수 있다. 이것은 악마가 존재한다는 근거가 될 수 있다!

비난이 쏟아졌다.[‡] 가장 영향력이 큰 수학자 중 한 사람이었던 레오폴드 크로네커는 이에 이렇게 답했다.

정의definition는 유한한 단계로 결론에 이르는 방법으로 구성되어야 하고, 존재 증명은 필요한 어떤 정밀성으로도 양을 계산할 수 있도록 수행되어야 한다.[§]

그 시대의(어쩌면 모든 시대를 통틀어) 가장 위대한 수학자 가우스마저, 1831년에 친구에게 보낸 편지에 실재하는 무한에 대해 이렇게 썼다.

무한한 크기는 수학에서 절대로 허용할 수 없으며, 나는 무한을 완성된 그 무엇으로 취급하는 것에 반대한다. 무한은 단순히 상투적인 어구이고, 진짜 의미는 어떤 값이 무제한으로 증가할 수 있을 때 특정한 비比에 끝없이 가까워진다는 뜻이다.

[‡]　J.W. Dauben, in *Journal of the History of Ideas*, 38, 89, 1977, n. 15.

[§]　D. Burton, *History of Mathematics*, 3rd. edn., W. C. Brown, Dubuque, IA., 1995, p. 593.

당시에 가우스와 같이 대부분의 수학자들은 잠재적 무한만이 의미가 있다고 보았고, 실재하는 무한은 무의미하다고 보았다. 칸토어는 1883년에 실재하는 무한을 연구했지만, 그는 이것 때문에 수학계에서 거의 파문을 당했다. 칸토어는 결국 이 연구를 출판하지 못했다. 칸토어는 크로네커("신은 정수를 창조했다. 나머지는 모두 사람이 만든 것이다")가 사사건건 자기를 방해한다는 생각에 시달리다 결국은 신경쇠약으로 쓰러졌다. 할레 대학교 교수였던 칸토어는 1884년부터 한동안 이 도시의 병원에 갇혀 지내야 했다. 그는 본격적인 수학에서 멀어져 셈counting의 기원에 대해 연구했고, 무한의 본성에 대해 철학자나 신학자들과 밀접하게 의견을 교환했다.

대부분의 수학자들은 칸토어의 연구에 공감하지 않았지만, 가톨릭 교회의 영향력 있는 독일 성직자이자 철학자, 신학자였던 콘스탄틴 구트베를레트Constantin Gutberlet는 이 연구를 신이 보낸 선물로 여겼다. 그러나 어떤 신학자들은 칸토어가 또 다른 형태의 범신론을 만들었다고 비난했다. 그러나 칸토어 덕분에 여러 가지 무한에 대해 논의할 수 있게 되었고, 신의 무한이 칸토어의 탑 꼭대기에 절대적인 무한으로 군림할 수 있게 되었다. 또 여러 무한이라는 개념은 수학뿐만 아니라 다른 분야에서도 신성모독이라는 혐의에서 벗어나 자유롭게 무한을 연구할 수 있게 만들었다. 게다가 그의 연구는 이러한 궁극적인 신의 무한을 인간 정신이 파악할 수 있음을 보여주었다. 칸토어는 신의 모든 불변하는 생각은 완전한 무한이어야 하며, 이것이 바로 더 높은 무한들이 존재하는 증거라고 주장하기까지 했다.

수학적 무한은 무한의 한 종류일 뿐이다. 물리적 무한(빅뱅 또는 블랙홀의 내부) 또는 신이나 우주에 가까운, 더 일반적인 유형의 초월적 무한이 있을 수 있다. 이런 종류의 무한이 있다고 믿는 수학자들과 철학자들이 있지만, 믿지 않은 학자들도 있다. 몇몇 흥미로운 사상가들이 세 가지 무한에 대해 보였던 견해는 135쪽의 표와 같다.*

칸토어가 만들어낸 초한 산술은 수학 발전의 엄청난 돌파구였다. 초한 산술은 무한을 잠재적인 대상에 불과한 것이 아니라 실재하는 대상으로 다룬다. 이렇게 해서 새롭고 이상한 초한 산술의 규칙이 만들어졌다. 이 규칙은 알레프들($\aleph_0$과 그 이상) 사이의 관계를 결정하고 설명한다. 이 규칙은 다음과 같다.

---

* 다음의 자료를 확장하고 수정함. R. Rucker, *Infinity and the Mind*, Princeton UP, New Jersey, 1995.

$$\infty + 1 = \infty$$

$$\infty + \infty = \infty$$

$$\infty - 1 = \infty$$

$$\infty \times \infty = \infty^*$$

예를 들어 $\infty + 1$과 $\infty + 2$는 모두 ∞와 같다. 셀 수 있는 무한집합에 하나나 두 개의 원소를 더해도 집합 자체의 성질은 변하지 않는다. 그렇다고 해서 이것을 근거로 $1 = 2 = 0$이 참이라고 말할 수는 없다.

칸토어는 초한수와 무한이 발견된 것이라고 굳게 믿었다. 이것이 누군가의 머리에서 만들어지거나 발명된 것이 아니라 어딘가에 존재하다가 발견되었다는 것이다. 그는 이 이론이 자기에게 성스러운 계시啓示로 주어졌다고 생각했다. 칸토어의 이론은 19세기 말과 20세기 초의 위대한 수학자 다비트 힐베르트가 적극적으로 옹호한 덕분에 마침내 수학의 주류로 진입했다. 힐베르트는 크로네커와 같은 수학자들이 내세웠던 유한주의finitism에 반대했고, 그러한 제한은 수학의 범위를 축소시키는 것이라고 보았다. 1926년에 그는 단호한 어

---

* 이제까지는 무한을 ∞로 표기했지만, 무한을 더 세분해서 표현하려면 $\aleph_0$, $\aleph_1$과 같은 기호를 사용해야 한다.

	수학적 무한	물리적 무한	초월적 무한
플라톤	×	○	×
아리스토텔레스	○	×	×
라이프니츠	○	○	○
브라우어르	×	○	○
힐베르트	○	×	×
러셀	○	○	×
괴델	○	×	○
칸토어	○	○	○
아인슈타인	○	×	○
디랙	○	×	○

표 7.1.
세 가지 무한의 존재에 대한 학자들의 견해

조로 이렇게 썼다.

칸토어가 우리를 위해 건설해준 낙원에서 아무도 우
리를 추방할 수 없다.[†]

불행하게도 칸토어는 자신의 이론이 되살아나 수학
계에서 환영받는 모습을 보지 못하고 1918년에 죽었다.

---

† D. Hilbert, "Über das Unendliche", *Mathematische Annalen*, 95 (1), 1926, pp. 161 – 190, p. 170.

8

괴델의 불완전성

어떤 것과, 그것에 대해 말하는 것은 다르다.

—

쿠르트 괴델

물리적으로 불가능한 것들에 대해 인류는 오래전부터 과학적으로 철학적으로 숙고해왔다.* 아리스토텔레스의 세계관에서는 물리적 무한과 부분적인local 진공을 창조하거나 관찰할 수 없다고 못박았다.[†] 중세의 물리학자들은 영특한 사고 실험을 고안해서 자연이 어떻게 우리를 '속여서' 순간적으로 진공이 형성되게 할 수 있는지 상상하는 시도를 했다. 그런 다음에는 이런 가능성이 자연적 과정에 의해 어떻게 방지되는지, 또는 그것이 실패하면 어떻게 우주적 검열이 개입해서 진공이 잠시라도 나타날 수 없는지에 대해서도 사고 실험을 펼쳤

---

*   J.D. Barrow, *Impossibility*, Oxford UP, Oxford, 1998.

†   J.D. Barrow, *The Book of Nothing*, Cape, London, 2000.

다.*

 중력 이론을 이용해서 블랙홀과 우주론을 연구하는 오늘날의 물리학자들은 아인슈타인의 일반상대성 이론에 의해 물리적 무한이 형성될 수 없음을 입증하려고 노력하고 있다. 그런데 여기에는 예외가 있어서, 우주의 시작과 종말에는 물리적 무한이 존재할 수 있다. 바깥의 우주에 영향을 주지 못하는 블랙홀의 지평 뒤에 있는 영역에도 물리적 무한이 존재할 수 있다.

 화학 분야에서도 불가능한 것들에 대한 논쟁이 있었다. 비천한 금속으로 금을 만들 수 있다는 연금술의 주장은 현대적인 화학이 나오고 나서야 힘을 잃었고, 영구기관을 만들고 유지할 수 있다는 주장은 19세기에 열역학 법칙의 의미를 체계적으로 이해하고 난 뒤에야 가라앉았다. 맥스웰의 도깨비와 같은 미묘한 예들은 계속 미해결인 채로 남아 있었지만, 현대의 열역학 이론으로 1961년에 이루어진 계산에 의해 완전히 쫓겨났다.†

 수학에서도 기본적인 산술, 기하, 대수의 맥락에서 풀

---

* E. Grant, *Much Ado About Nothing: Theories of Space and Vacuum from the Middle Ages to the Scientific Revolution*, Cambridge UP, Cambridge, 1981. 이러한 도전적인 사고 실험의 초기의 예를 루크레티우스의 《사물의 본성에 관하여》 1권에서 볼 수 있다.

수 없는 문제들이 가끔씩 나온다. 전해져오는 이야기에 따르면, 피타고라스는 기원전 550년경에 최초로 '비이성적인 것irrationality'을 만났다. 'irrational'은 원래 비이성적이라는 뜻이 아니라 단순히 '비比, ratio'가 아니라는 뜻이었다. 그들은 무리수를 발견했던 것이다. $\sqrt{2}$ 같은 수는 두 정수의 비로 나타낼 수 없다.[‡] 피타고라스 학파에게 이 발견은 엄청난 충격이었고, 그들은 이것을 발견한 히파소스를 물에 빠뜨려 죽였다고 한다. 이것은 특정한 규칙들로는 답이 나오지 않는 문제가 나타난 첫 번째 사례라고 할 수 있다. 19세기의 첫 사반세기에는 노르웨이의 젊은 수학자 헨리크 아벨Henrik Abel[§]이 일반적인 5차 방정식($Ax^5 + Bx^4 + Cx^3 + Dx^2 + Ex + F = 0$, 단 A, B, ⋯ F는 상수)은 보통의 산술 연산만으로는 일반적인 해를 얻을 수 없음을 증명했다. 오늘날에

[†]   모든 중요한 논문들과 개관이 다음의 책에 실려 있다. H. Leff and A. Rex (eds.), *Maxwell's Demon*, Princeton UP, Princeton, 1990.

[‡]   K. Guthrie (ed.), *The Pythagorean Sourcebook and Library*, Phares Press, Grand Rapids, 1987.

[§]   P. Pesic, *Abel's Proof: an essay on the sources and meaning of mathematical unsolvability*, MIT Press, Cambridge, 2003. 이 책에는 아벨이 1824년에 쓴 논문의 새로운 번역문도 실려 있다.

는 수학의 노벨상에 해당하는 상에 그의 이름이 붙어 있다. 2차, 3차, 4차 방정식과 달리 5차 방정식은 정확한 공식으로 풀 수 없다.* 불과 몇 년 뒤인 1837년에, 각도 60도를 직선 자와 컴퍼스만으로는 3등분할 수 없다는 엄밀한 증명이 나왔다. 이런 예들은 특정한 공리 체계의 한계를 암시하는 것이었다.

1899년에 당시의 주도적인 수학자였던 다비트 힐베르트는, 수학을 형식론의 공리적 근거 위에 세우기 위한 체계적인 프로그램을 출발시켰다.† 이 프로그램은 그가 1925년에 쓴 에세이 〈무한에 대하여Über das Unendliche〉에서 설명되었다.‡ 그는 수학의 각 부분을(그러므로 수학 전체를) 떠받치는 공리들을 결정할 수 있고, 이 공리들이 무모순임을 보일 수 있고, 그 결과로 이러한 공리들로부터 형성된 명제들과 추론들의 체계가 완

---

* 2차 방정식의 공식은 우리가 학교에서 배우는 익숙한 것이다. $Ax^2 + Bx + C = 0$의 해를 A, B, C로 나타내면 다음과 같다.
$$x = \frac{-B \pm \sqrt{B^2 - 4AC}}{2A}.$$

† 다음의 책 참조. J. Gray, *The Hilbert Challenge*, Oxford UP, Oxford, 2000. 이 책의 240–282쪽과 다음 책에 1900년 국제 수학자 대회에서 힐베르트가 한 연설이 실려 있다. M. Toepell, *Archive for History of Exact Sciences*, 35, 1986, p. 329.

‡ D. Hilbert, *Mathematische Annalen*, 95, 1, 1926, pp. 161–190, p. 170.

비성이 있고 결정가능함을 증명할 수 있다고 믿었다.

더 정확하게 말하자면, 어떤 체계가 **무모순**consistent 이라는 것은 명제 S와 그 부정인 ~S가 둘 다 참이라고 증명할 수 없다는 것이다(어떤 수가 짝수이면서 홀수임을 증명하는 것처럼 말이다).

완비성이 있다는 것은, 모든 명제 S에 대해 그것이 쓰인 언어로 S 또는 그 부정인 ~S를 참이라고 증명할 수 있다는 것이다.

결정가능하다는 것은 모든 명제 S에 대해 그것이 쓰인 언어로, S가 참 또는 거짓이라고 증명할 수 있다는 것이다. 따라서 어떤 체계가 결정가능하면, 그 체계는 완비성이 있다.

힐베르트가 제안한 수학의 형식론적인 전망은, 정의를 내리는 공리들로부터 흠 없는 논리적 연결로 촘촘하게 펼쳐지는 거미줄이었다. 진정으로, 수학은 이 모든 추론의 모임으로 **정의**될 것이었다. 힐베르트는 다른 사람들의 도움으로 수학의 형식화를 완성하는 계획을 세웠고, 궁극적으로 응용 수학을 바탕으로 하는 물리학*과 같은 과학까지 포함하도록 수학을 확장할 수 있다고 믿었다. 그는 유클리드 기하학에서 시작했고, 이것을 엄밀한 공리의 바탕 위에 세우는 데 성공했다. 그의 프로그램에서 다음 단계는 이 체계를 강화하는 공리들을 하나씩 추가하면서, 각각의 단계에서 무모순성과 결정가능성을 보존하고, 궁극적으로 이 체계가 산술 전체를 포괄하기에 충분할 만큼 커질 때까지 확장하는 것이었다.

힐베르트의 프로그램은 확고한 믿음으로 출발했다. 그는 수학을 형식론의 그물 속에 모두 집어넣는 일이 그저 시간 문제일 뿐이라고 굳게 믿었다. 이러한 확고한 믿음은 그의 묘비에도 새겨졌다. 그의 묘비명은 1930년 9월 8일에 독일 자연학 및 물리학 협회 모임에서 했던 연설에서 나온 구절이다.

Wir müssen wissen.

Wir werden wissen.

이것은 다음과 같은 말이다. "우리는 알아야 한다. 우리는 알 것이다." 단호하고 퉁명스러운 그의 말투는 수학이 아닌 다른 주제에 대해서 힐베르트가 쓴 글에도 그대로 드러난다. 갈릴레오가 종교 재판에 끌려가 과학적 신념을 끝까지 지키지 못한 일에 대해 쓰면서 힐

---

*   L. Corry, *Archive for History of Exact Sciences* 51, 1997, p. 83.

베르트는 이렇게 강조했다. "이 피사의 과학자는 어리석지 않았다. … 어리석은 사람만이 과학적 진리에 순교자가 필요하다고 믿을 수 있다. 종교에는 순교자가 필요할지 모르지만, 과학적 결과는 시간이 지나면 드러나기 마련이다."[†] 불행하게도 힐베르트가 쾨니히스베르크에서 열린 학회에서 확신에 찬 연설을 한 바로 다음 날, 세계는 젊은 쿠르트 괴델에 의해 뒤집어지게 된다.

괴델은 힐베르트 프로그램의 첫 단계를 재빨리 완성했다. 박사 학위 논문의 일부로 1차 논리first order logic의 무모순성과 완비성을 증명한 것이다(나중에 알론조 처치와 앨런 튜링이 이것이 결정불가능임을 증명했다). 1929년에 폴란드 수학자 모예제시 프레스버거Mojżesz Presburger가 곱셈을 포함하지 않는 페아노의 산술이 무모순이고 결정가능하며 완비성이 있음을 증명했다. 요즘은 이것을 프레스버거 산술이라고 부른다. 1930년에는 노르웨이의 토랄프 스콜렘Thoralf Skolem이 덧셈을 제외한 페아노의 산술에 대해 같은 것을 증명했다. 괴델이 다음 단계로 수행한 연구는 아리스토텔레스 이후

---

†   C. Reid, H. Weyl, *Hilbert*, Springer Verlag, Berlin, 1970, p. 92.

이론	무모순성	완비성	결정가능성
명제논리	○	○	○
유클리드 기하학	○	○	○
비유클리드 기하학	○	○	○
1차 논리	○	○	×
산술 (+, −만 포함)	○	○	○
산술 (×, −만 포함)	○	○	○
산술 (+, −, ×, ÷ 모두 포함)	?	×	×

표 8.1.
단순한 논리 체계들의 무모순성, 완비성, 결정가능성

최고의 논리학자라는 그의 명성을 확실하게 해주었다. 이 연구는 힐베르트의 프로그램을 확장하여 핵심 목표를 달성하는 것과는 거리가 멀었다. 괴델은 산술의 완비성을 증명한 것이 아니라 반대의 것을 증명했던 것이다. 그는 모든 산술을 포함할 만큼 충분히 풍부한 무모순적인 체계는 무엇이건 완비성이 없고 결정불가능함을 증명했다. 이 증명이 나오자 거의 모든 수학자들이 엄청난 충격에 빠졌고, 힐베르트의 프로그램도 이한 방으로 침몰해버렸다(화이트헤드와 러셀까지 말이다).

괴델의 보고에 대해서는 낙관적인 반응과 비관적인 반응이 있었다. 프리먼 다이슨 같은 '낙관론자'들은 괴델의 결론이 인간의 탐구에는 끝이 없다는 것을 잘 보여준다고 생각했다. 이런 낙관론자들은 과학 연구가 인간 정신의 본질적인 부분이라고 생각하며, 여기에 완비성이 있다면 과학을 연구해야 할 동기가 사라지기 때문에 재앙이 될 것이라고 본다. 반면에 존 루카스* 같은 '비관론자'들은 괴델이 인간 정신이 자연의 모든 비밀을 알 수 없다는 한계(어쩌면 대부분을 알 수 없을 것이다)를 알려주었다고 해석한다.

반면에, 스탠리 재키† 같은 사람들은 불완전성을 낙관적으로 해석해서, 괴델이 밝힌 것이 인간 정신이 컴퓨터에 의해 추월당할 수 없음을 뜻한다고 보았다. 다른 비공식적인 견해는 괴델의 증명이 지닌 매우 흥미로운 면을 부각시킨다. 예를 들어, 종교가 믿음으로만 받아들일 수 있는 입증 불가능한 주장을 포함하는 사고 체계라면, 수학은 종교일 뿐만 아니라 종교라고 입

---

* J. R. Lucas, *Philosophy*, 36, 112, 1961. e Id., *Freedom of the Will*, Clarendon, Oxford, 1970. 괴델의 증명에 대한 좋은 설명과 그의 증명에 대한 광범위한 영향을 보려면 다음의 책을 참조하라. T. Franzén, *Gödel's Theorem: An Incomplete Guide to Its Use and Abuse*, A.K. Peters, Wellesley, Mass., 2005.

† S. Jaki, *Cosmos and Creator*, Scottish Academic Press, Edinburgh, 1980, pp. 49–55. e Id., *The Relevance of Physics*, The University of Chicago Press, Chicago, 1970.

증될 수 있는 유일한 종교라는 견해가 있다.

흥미롭게도, 괴델 이전에 아벨과 같은 이들이 어떤 문제를 푸는 것이 '불가능하다'고 증명했을 때는 인간 정신의 궁극적인 능력에 대한 근본적인 질문이 제기되지 않았다. 예를 들어 아벨의 경우, 5차 방정식부터는 덧셈과 제곱근을 구하는 방법 따위의 기초적인 연산으로는 일반해를 구하는 공식을 얻을 수 없다고 증명했다. 그러나 더 강력한 도구를 동원하면 일반해의 공식을 얻을 수 있다. 반면에 괴델의 경우는 이보다 훨씬 더 급진적이다.

괴델은 아무리 호의적으로 따져봐도 이상한 사람이었다. 시인 존 드라이든이 1861년에 썼듯이, "위대한 지성과 광기는 매우 가깝다. 둘을 나누는 벽은 매우 얇다."*

내가 괴델과 같은 시기에 프린스턴 고등연구소에 상주했던 학자들에게 괴델을 아는지 물어보면, 그들은 언제나 똑같이 대답했다. "괴델을 아는 사람은 아무도 없습니다." 한 유명한 물리학자가 아주 젊었을 때 처음으로 고등연구소에 갔던 경험을 이야기해준 적이 있다. 그는 불완전성 정리와 양자역학과 관련된 주제를

---

* J. Dryden, *Absalom and Achitophel*, Clarendon Press, Oxford, 1911.

괴델과 토론하고 싶었다. 그는 구내전화로 괴델에게 연락했는데, 교환원이 괴델을 직접 연결해주어서 기분이 좋으면서도 깜짝 놀랐다. 괴델에게는 접근하는 사람들을 막아줄 비서나 조수가 없었던 것이다. 괴델은 사무실에 방문할 시간을 잡아주었다. 이 젊은 물리학자는 괴델을 만난다는 생각에 굉장히 들떴지만, 약속 시간에 도착해보니 아무도 없었다. 그는 괴델에게 다른 중요한 일이 생겼을 것으로 짐작했다. 다음 날에 연구소에 처음 온 사람들을 환영하는 다과회에 갔더니, 괴델이 한쪽 구석에 혼자 앉아 있었다. 그는 괴델에게 다가가 자기소개를 하고 나서, 약속 시간에 그의 사무실에 갔지만 만나지 못했고, 괴델이 다른 중요한 일이 생겨서 자리를 비웠을 것이라고 생각했다고 말했다. 괴델은 이렇게 대답했다. "그 반대입니다. 내가 누군가를 만나지 않을 유일한 방법은 약속을 하는 것이지요."

괴델의 불완전성의 배후에 있는 정확한 가정을 알면 도움이 된다. 괴델의 정리는 형식적인 체계가 다음과 같으면

1. 유한하게 지정된다.
2. 산술을 포함할 정도로 크다.
3. 무모순이다.

그러면 이 체계는 **불완전하다**는 것이다.

조건 1은 공리가 명확하고 유한한 개수로 이루어져 있어야 한다는 것이다. 페아노의 1차 산술이 그러한 예이다.

조건 2는 형식론적 체계가 자연수와 그 덧셈과 곱셈을 (둘 다!) 정의할 수 있어야 하며, 이들에 대한 기초적인 것들을 증명할 수 있어야 한다는 것이다. 이번에도 페아노의 1차 산술이 그러한 예이다.

산술의 구조는 괴델 정리를 증명하는 데 중심적인 역할을 한다. 가우스가 증명했듯이, 수는 한 가지 방식으로만 소인수분해를 할 수 있다. 예를 들어 130을 소인수분해한 형태로 나타내는 방식은 2×5×13 한 가지뿐이다. 괴델은 수의 이 특수한 성질을 이용해서 **수학의 명제들과 수학에 대한 명제들** 사이의 결정적인 대응을 수립했다. 후자를 메타수학적 명제라고 부르기도 한다.

괴델은 자신의 결과를 얻기 위해 수학에 관한 명제의 의미소마다 소수를 하나씩 대응시켜서, 모든 명제를 소수의 곱으로 나타낼 수 있게 했다. 이렇게 하면 각각의 명제들은 모두 고유한 번호를 부여받게 된다. 이 소수의 곱은 수를 소인수분해한 형태이고, 이것을 곱한 수를 그 명제의 괴델 수Gödel number라고 부른다.

아주 단순하고 사소한 예로, '0 = 0'이라는 명제의 괴델 수를 구해보자. 기호 0에 부여된 수는 6이고, 등호 =는 5이다. 위의 명제에서 나오는 기호를 부여된 수로 단순히 치환하면 656이 된다. 이 숫자들은 각각 2, 3, 5, …로 커지는 소수가 각각 몇 번씩 제곱되어 곱해지는지를 나타낸다. 이 경우 처음 세 소수의 제곱수가 각각 6, 5, 6이 되므로, 괴델 수는 $2^6 \times 3^5 \times 5^6 = 64 \times 243 \times 15{,}625 = 243{,}000{,}000$이다. 즉, 이것이 명제 '0=0'의 괴델 수이다.*

반대로, 수를 소인수분해해서 유일한 소수의 곱으로 만들 수 있고, 이것을 수학에 대한 명제에 대응시킬 수도 있다. 그러므로 '거짓말쟁이 역설'과 같은 언어학적 모순이 트로이의 목마처럼 수학의 구조 자체에 숨어 있을 수 있다. 산술을 포함할 정도로 큰 체계에서는 그 자신의 언어로 자기를 부호화하는 근친상간적인 상황이 일어날 수 있다.

괴델은 다음과 같은 명제로 이런 일을 해냈다.

괴델 수 G를 포함하는 정리는 결정불가능하다.

---

* 더 복잡한 예에 대해서는 다음의 책 참조. E. Ernst and J.R. Nagel, *Gödel's Proof*, New York UP, New York, 2001, 2nd edn.

그는 이 명제의 괴델 수를 구했고, 이 수를 위의 명제 G에 대입했다. 이렇게 해서 나온 명제는 그 자신의 결정불가능성을 확립한다. 이 무슨 곡예 같은 수학인가!

그러므로 페아노의 1차 산술은 완비성이 없으며, 결정가능하지도 않다.

다시, 이러한 요구가 어떻게 충족되지 못할 수 있는지 알면 도움이 된다. 처음 10개의 숫자(0, 1, 2, 3, 4, 5, 6, 7, 8, 9)만 있는 십진법 체계를 생각해보자. 이 체계에서는 10 이상의 수가 없고, 5와 6을 더해서 나오는 11은 다시 1이 된다. 이러한 '소규모 산술'은 완비성이 있다. 이 체계는 유한하며, 위의 조건 2를 충족하지 못한다.

훨씬 더 놀라운 결과는 덧셈과 곱셈을 둘 다 갖춘 실수의 1차 이론에 관한 것이다. 분명히 이 체계는 자연수보다 훨씬 더 복잡하지만, 완비성이 있고 결정가능하다. 이것은 알프레트 타르스키가 증명한 정리에 의해 뒷받침된다. 유클리드 기하학은 실수와 그 연산으로 표현되므로 완비성이 있다. 평평한 유클리드의 기하학에는 마법적인 것이 전혀 없어서, 어떤 예측 불가능한 일도 일어나지 않는다고 말할 수 있다. 곡면을 다루는 비유클리드 기하학도 마찬가지로 완비성이 있음이 알려졌다. 그러나 완비성은 까다롭게 꼬여 있다. n개의 기호가 연관되어 있는 명제는 e^{e^n}회의 계산 단계를 거쳐서 참인지 거짓인지 결정할 수 있다.[*] $n = 10$인 경우에, 이 수는 아찔할 정도로 큰 수인 9.44×10^{9565}에 해당한다. 비교를 위해 제시하자면 우주가 팽창하기 시작해서 지금까지 지나온 시간은 겨우 10^{27}나노초에 지나지 않으며, 우주의 보이는 부분을 이루는 원자는 10^{80}개이다.

이와 유사하게, '~보다 크다'라는 개념만 가지고 수를 다루는 논리적 이론이 있고 어떤 특정한 수를 말하지 않는다면, 이 이론은 완비성이 있다. 이 체계에서는, 그저 '~보다 크다'는 관계만 있는 실수에 대한 명제가 참인지 거짓인지를 결정할 수 있다.

또 다른 예로 '~보다 작다'는 개념만 가진 산술은 곱셈, 즉 × 연산이 없는 산술이다. 이것을 프레스버거 산술[†](완전한 산술을 페아노 산술이라고 부르며, 4장에서 보았듯이 페아노는 이것을 처음으로 1889년에 공리적으로 표현했다)이라고 부른다. 얼핏 보기에 이것은 이상하다. 우

[*]   D. Harel, *Computers Ltd.*, Oxford UP, Oxford, 2000.

[†]   M. Presburger, *Comptes Rendus du Congrès de Mathématiciens des Pays Slaves*, Warsaw, 1929, pp. 92–101; D.C. Cooper, "Theorem Proving in Arithmetic without Multiplication", in B. Meltzer and D. Michie (eds.), *Machine Intelligence*, Edinburgh UP, Edinburgh, 1972, pp. 91–100.

리가 일상적으로 곱셈을 마주칠 때 이것은 덧셈을 더 빨리하는 것 이상이 아니다($2+2+2+2+2+2=2 \times 6$). 그러나 산술의 전체적인 논리 체계에서 논리적 한정기호quantifier '존재한다there exist' 또는 '어떤 ~한 것에 대하여for any'가 있을 때, 곱셈은 단지 덧셈을 거듭하는 것 이상을 구성하는 것을 허용한다.

프레스버거 산술은 완비성이 있다. 자연수의 덧셈에 관한 모든 명제들은 증명하거나 반박할 수 있다. 공리로부터 모든 참에 도달할 수 있다.*

그렇다고 해도 방금 다룬 실수와 기하학에서 완비성과 결정가능성의 추상적인 정리에 대한 논의가 끝나지는 않는다. 실수의 1차 산술에서 명제가 참인지 거짓인지 판별하는 알고리즘은 길고 복잡한 검증 과정이 필요하다. 1974년에 피셔Fischer와 라빈Rabin이 발표한 정

---

* 그러나 명제를 증명하기 위해서는 일반적으로 지수함수의 거듭만큼 긴 계산을 해야 한다. 다시 말해 계산에 걸리는 시간이 $(2^N)^N$으로 늘어난다. 프레스버거 산술에서는 양의 정수(그리고 양의 정수값을 가지는 변수)를 사용할 수 있다. 이것을 모든 정수로 확장하면, 상황은 상상을 초월할 정도로 어려워진다. 이것은 유한한 k에 대해서 지수함수를 k번 거듭한 만큼의 계산으로도 풀 수 없음이 증명되었다. 이런 문제를 비기본non-elementary 문제라고 부른다. 어려움에는 끝이 없다! 이에 대해선 다음 문헌을 참조하라. M. J. Fischer and M.O. Rabin, "Super-Exponential Complexity of Presburger Arithmetic", *Proc. SIAM-AMS Symposium*. 7, 1974, pp. 27–41. *Appl. Maths*, 7, 1974, pp. 27–41.

리에 따르면, 덧셈과 곱셈이 있는 실수 체계에서는(심지어 덧셈만 있는 실수 체계에서도) 명제의 진위를 판정하는 알고리즘 실행에 최소한의 시간이 필요하고, 최악의 경우에는 너무 많은 시간이 걸려서 실제로 판정이 불가능할 수도 있다.

프레스버거 산술에서는 더 나쁜 일이 일어난다. 이 체계는 덧셈만 포함하므로 완비성이 있고 결정가능하지만, 명제의 진위를 판정하는 어떤 알고리즘도 판정에 걸리는 최대 시간이 명제의 길이에 대해 지수함수적으로 늘어난다. 따라서 실수의 경우보다 훨씬 긴 시간이 필요하다. 이 증명도 피셔와 라빈이 해냈다.

이미 말했듯이 물리학 이론은 실수 또는 복소수를 바탕으로 하며, 이 영역 안에서 놀랍도록 풍부한 현상을 다룰 수 있다. 이 모든 것에 따르면, 물리학 이론이 스스로 당혹스러운 결정불가능성을 회피할 수 있으리라는 희망을 준다.

결정이 가능하거나 불가능할 수 있는 체계를 바탕으로 하는 기초적인 수리물리학의 표현에 대해서는 놀랍도록 풍부한 가능성이 있다. 타르스키는 자연수의 덧셈과 곱셈에 대한 페아노의 산술과 달리, 덧셈과 곱셈에서의 실수에 대한 1차 이론이 결정가능하다는 것을 보였다.

이것은 아주 놀라우며, 실수 또는 복소수를 바탕으로 하는 물리학 이론이 일반적으로 결정불가능함을 회피할 수도 있겠다는 약간의 희망을 준다. 또한 타르스키는 계속해서 반다 슈미엘레프Wanda Szmielew와 같은 제자들의 도움을 받아, 물리학에서 사용하는 격자 이론, 사영기하학, 아벨 군 이론 등의 다양한 수학 체계들이 결정가능함을 보여주었고, 한편으로 비非아벨 군과 같은 이론은 결정불가능함을 증명했다.*

이렇게 해서 수학의 발전에 관한 놀라운 장이 끝났다. 이것은 물리학과 컴퓨팅에, 그리고 컴퓨터와 같은 공리 체계에 관한 인간의 사고력에 영향을 주었다.

*   A. Tarski, A. Mostowski and R.M. Robinson, *Undecidable theories*, North Holland, Amsterdam, 1953.

9

하나와 둘은
왜 그렇게 자주 나타날까?

의장은 우리가 이겼을 때 샴페인 한 병을 마셨다.
우리가 졌을 때 그는 두 병을 마셨고,
우리가 이겼다고 생각했다.

—

보비 롭슨*

* 　보비 롭슨은 잉글랜드 축구 국가대표팀 감독과 뉴캐슬 유나이
티드 축구팀 감독을 역임했고, 국제적인 선수이기도 했다. 위의 글
은 다음 기사에서 인용하였다. *The Independent*, 2 Feb. 2016, in an
article by Chris McGrath.

회계, 교육, 은행 업무, 측량, 공학, 운동 경기의 점수, 여행 등 무슨 일이건 수를 다루다 보면 어떤 놀라운 점이 발견된다. 이것은 십진수에서 쓰이는 한 자리 수 중에서 1과 2처럼 가장 작은 수에 대한 것으로, 독자들은 이런 점을 스스로 깨닫지는 못했을 것이다. 이 작은 수에 들어 있는 놀랍고도 단순한 수학적 비밀을 처음 알아낸 사람은 미국의 천문학자 사이먼 뉴컴*이다. 그는 1881년에 이것을 알아냈지만 주목받지 못했고, 프랭크 벤포드라는 엔지니어가 1938년에 재발견했다. 지금은 이것을 벤포드의 법칙이라고 부른다.

뉴컴과 벤포드가 알아낸 것은 다음과 같다. 얼핏 보기에 무작위로 수집된 많은 수가 있다고 하자. 호수의 넓이, 야구 점수, 2의 제곱수, 잡지에 있는 숫자들, 별들

---

*   S. Newcomb, *American Journal of Mathematics*, 4, 39, 1881.

의 위치, 가격 목록, 물리 상수, 회계 항목과 같은 수로 이루어진 자료에서, 소수점 아래에서 0이 아닌 첫 번째 자리의 수가 특별한 확률분포를 따른다. 이런 성질은 그 자료를 표시하는 단위와 무관한데도 아주 정밀하게 이 확률분포를 따른다.* 예를 들어 십진법의 소수 3.1382에서 소수점의 바로 오른쪽에 있는 수, 즉 1이 여기에 해당된다. 15.00789라면, 여기에 해당되는 수는 7이다. 오른쪽의 표 9.1을 보자.

특정한 수가 다른 수보다 더 자주 나올 이유가 없어 보이므로 0을 제외한 1, 2, 3, …, 9가 똑같은 빈도로 나올 것이며, 따라서 각각의 수가 나올 확률은 대략 $\frac{1}{9}$ = 0.111이라고 생각할 수 있다(이 아홉 개의 확률을 더하면 정확하게 1이 된다). 그러나 뉴컴과 벤포드가 알아낸 빈도는 균일하지 않다. 충분히 큰 표본에서 조사했을 때, 소수점 아래에서 0이 아닌 첫 번째 자리에

---

* 이런 성질은 넓이처럼 차원이 있는 양에도 적용된다. 사실, 뉴컴과 벤포드가 발견한 분포는 다른 단위로 환산해도 그대로 성립한다. 이러한 불변 조건을 수식으로 나타내면, 소수점 아래 첫째 자리 수의 분포는 k가 상수이고 $f(k)$가 k의 함수일 때 $P(kx) = f(k)P(x)$이다. 위의 조건을 만족하려면 $P(x) = \frac{1}{x}$이고 $f(k) = \frac{1}{k}$이 되어야 한다. 이것을 만족하는 뉴컴-벤포드의 분포는 한 가지뿐이며, 다음과 같다.
$$P(d) = \frac{\int_d^{d+1} \frac{dx}{x}}{\int_1^{10} \frac{dx}{x}} = \log_{10}\left(1 + \frac{1}{d}\right)$$

수	소수점 아래 첫째 자리 수의 통계적 빈도
0	
1	30.10%
2	17.61%
3	12.49%
4	9.69%
5	7.92%
6	6.69%
7	5.80%
8	5.12%
9	4.58%

표 9.1.
벤포드의 법칙을 따르는 여러 가지 데이터에서 첫째 자리에 각각의 숫자가 나타나는 상대적인 빈도

1에서 9까지의 수 d가 나오는 빈도는 아래와 같이 분포 $P(d)$를 따른다.

$$P(d) = \log_{10}(d+1) - \log_{10}(d) = \log_{10}[1 + \frac{1}{d}],$$
$$d = 1, 2, 3, \cdots, 9$$

이 규칙에 따라 각각의 수가 나올 확률은 다음과 같다.

$$P(1) = 0.30, P(2) = 0.18, P(3) = 0.12,$$
$$P(4) = 0.10, P(5) = 0.08, P(6) = 0.07,$$
$$P(7) = 0.06, P(8) = 0.05, P(9) = 0.05.$$

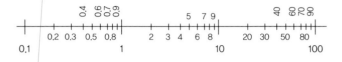

그림 9.1.
로그 수직선. 이 수직선에서 위치 x를 무작위로 잡으면, 소수점 아래 첫째 자리 수가 대략 30%의 빈도로 1이 된다.

1이 나올 빈도가 0.30으로 가장 크다. 이 값은 모든 수가 같은 확률일 때의 기댓값 $\frac{1}{9} = 0.11$보다 훨씬 더 크다. 공식 $P(d)$를 구하기 위해서는 여러 가지 정교한 방법을 사용할 수 있다. 이 공식에 따르면, 1에서 9까지의 수가 나올 확률은 로그 척도에서 균일해진다(그림 9.1). 게다가 십진법이 아니라 다른 진법을 사용할 때도 그 분포를 쉽게 구할 수 있다. 예를 들어 b진법을 쓴다고 하자. 이때는 뉴컴-벤포드 공식 $P(d)$에서 단순히 10을 b로 바꾸기만 하면 된다. 따라서 이진법($b = 2$)에서는 상황이 아주 단순해진다. 이진법에서 0으로 시작하지 않는 유일한 수는 1뿐이고, 위의 공식에 10을 2로 바꿔서 계산하면 분포는 $P(1) = \log_2(2) = 1$이다. 이진법은 여러 가지 진법 중에서 극단적인 경우이고, 첫 번째 자리 수가 1일 확률은 100퍼센트이다.

이것을 보면 작은 수, 특히 1과 2가 왜 더 많이 나오는지 이해할 수 있다. 첫째 자리에 올 수 있는 수가 1뿐인 경우에서 시작해 계속 커져서 1, 2, 3, 4, …, 9, 10, 11, …, 19, 20, …, 99, 100, 101, … 등이 된다고 하자. 처음 두 수 1과 2만 있으면 1이 될 확률은 명백히 $\frac{1}{2}$ 이다. 여기에서 9까지의 모든 수를 포함시키면 확률 $P(1)$은 $\frac{1}{9}$로 떨어진다. 그다음 수 10을 포함시키면 이 확률이 $\frac{1}{5}$로 뛰는데, 두 수(1과 10)가 1로 시작하기 때문이다. 이제 11, 12, 13, 14, 15, 16, 17, 18, 19를 포함시키면 $P(1)$은 갑자기 $\frac{11}{19}$로 뛴다. 99까지 계속하는 동안에는 첫째 자리가 1로 시작하는 수가 새롭게 들어오지 않으며, $P(1)$은 계속 떨어진다. 99가 들어온 다음에는 $P(1) = \frac{11}{99}$까지 떨어진다. 100에 도달한 다음부터 199까지는 이 확률이 계속 올라가는데, 100에서 199까지의 수가 모두 1로 시작하기 때문이다.

따라서 첫째 자리 수가 1이 될 확률 $P(1)$은 10, 100, 1000, …에서부터 올라갔다가 점차 떨어지며, 이렇게 톱니 모양으로 계속된다. 이렇게 톱니 모양으로 오르고 내리는 것을 모두 평균한 결과가 뉴컴-벤포드 법칙이다. 이 평균이 대략 0.30으로 나오므로, 공식 $P(d)$가 예측하는 것과 같다.

놀랍게도 뉴컴-벤포드 법칙은 도처에서 나타난다. 세금 환급 서류의 위조 여부도 이 법칙으로 찾아낼 수 있다. 인위적으로 조작하거나 난수 발생기로 만들어 낸 숫자들은 이 법칙을 따르지 않는다. 반면에 회계 장부에 '자연스럽게' 기입한 숫자들은 이 법칙을 따른다. 1992년에 신시내티 대학교 박사과정 학생 마크 니그리니*가 처음으로 이 법칙을 회계에 도입해서 조작한 자료들을 아주 잘 찾아냈다. 브루클린 지방 검찰청의 수석조사관은 니그리니의 방법으로 이미 들통난 회계 부정 일곱 건을 검증해보았고, 모두 성공적으로 찾아냈다. 이 방법을 빌 클린턴의 세금 환급 자료에도 적용해보았는데, 미심쩍은 점은 전혀 없었다! 그러나 이 방법에도 약점은 있다. 숫자들을 일률적으로 반올림하면 데이터가 왜곡되어서 이 검사가 통하지 않는다.

뉴컴-벤포드 법칙은 모든 곳에서 나타나지만, 완전히 보편적이라고는 할 수 없다. 이것은 물리학자들의 감각으로는 자연법칙이 아니다.† 사람의 키, 몸무게, IQ, 집 주소, 당첨된 복권 번호 등은 뉴컴-벤포드 법칙을 따르지 않는다. 소수점 아래에서 0이 아닌 첫째 자리 수가 이 특별한 분포로 나타나려면 어떤 조건이 필

---

*   M. Nigrini, "The detection of income evasion through an analysis of digital distributions", University of Cincinnati PhD thesis, 1992.

요할까?

이 법칙이 나타나려면, 같은 종류의 양들만을 대상으로 해야 한다. 호수의 넓이와 사회보장 번호를 더하면 안 된다. 특정한 구간의 숫자만 사용해도 안 된다. 집 주소가 대개 이런 경우이다. 우편번호, 집 주소, 여권 번호, 전화번호와 같이 특별한 번호 부여 규칙이 있으면 안 된다. 빈도의 분포가 꽤 부드러워야 하고, 특정한 수 근처에서 급격히 몰려서 봉우리가 생기면 안 된다. 가장 중요한 점은, 넓은 범위의 수를 대상으로 해야 하고(10단위, 100단위, 1000단위), 빈도 분포가 넓고 평평해야 하고, 특정한 평균값 근처에서 좁게 봉우리를 이루면 안 된다는 것이다. 그림 9.2.a와 9.2.b는 두 상황을 시각적으로 보여준다. 확률분포의 어떤 구간에서 곡선 아래의 넓이가 분포의 높이보다는 폭에 따라 결정되어야 한다(그림 9.2.a처럼). 그림 9.2.b가 보여주는 성인의 키 빈도처럼 비교적 좁은 봉우리를 이루는 분포는 뉴컴-벤포드 법칙을 따르지 않는다. 넓은 구간의

---

† 이 법칙은 정확히 0에서 1 사이의 구간에서 x값의 확률분포가 $P(x) = \frac{1}{x}$일 때 나타난다. 확률분포가 달라지면 이 법칙도 달라진다. 예를 들어 확률분포의 형태가 $P(x) = \frac{1}{x^a}$이고 a가 1이 아니면, 첫 번째 자리에 d가 나올 확률은 다음과 같다. $P(d) = (10^{1-a} - 1)^{-1} [(d+1)^{1-a} - d^{1-a}]$. $a = 2$일 때, $P(1)$은 0.56이 된다.

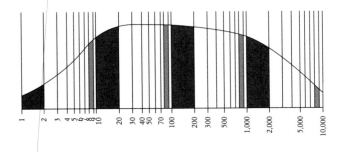

그림 9. 2. a.
변수의 폭이 넓은 확률분포. 로그 척도임. 이 분포는 첫 번째 자리 수가 뉴컴-벤포드 법칙을 따른다.

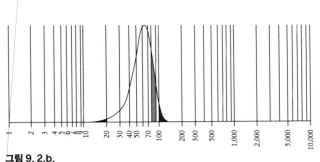

그림 9. 2. b.
변수의 폭이 좁은 확률분포. 로그 척도임. 이 분포는 첫 번째 자리 수가 뉴컴-벤포드 법칙을 따르지 않는다.

분포만 고려한다고 해도, 뉴컴-벤포드 법칙이 왜 그렇게 자주 나타나는지 여전히 설명은 불가능하다. 자연과 인간의 세계에서 왜 그런 모양의 데이터가 자주 나오는지 설명하지 못하기 때문이다.

　뉴컴은 로그표가 인쇄된 책에서 처음 두 자리 수가

나온 부분만 유난히 많이 닳은 것을 보고 이러한 작은 수 현상을 처음으로 알아보았다. 이것은 놀라운 일이었고, 지금까지도 작은 수는 뭔가 특별하다는 것을 알려준다. 지금은 이 성질이 널리 이용된다. 다시 처음으로 돌아가서, 1에서 9까지의 수 중 어느 하나를 무작위로 선택할 확률은 11퍼센트이다(정확히는 11.111⋯ 퍼센트이지만 큰 차이는 없다―옮긴이). 작은 수의 특성을 모른다고 하면, 소수점 아래 첫 번째 자리 수가 1이나 2가 될 확률은 각각 11퍼센트이다. 그러나 뉴컴-벤포드 법칙의 예측에 따르면 1이 나올 확률이 30퍼센트이고, 2가 나올 확률은 18퍼센트이다. 반면에 4보다 큰 수가 소수점 아래 첫 자리에 나올 확률은 무작위일 때 예상되는 11퍼센트보다 작다. 여러분만의 숫자들로도 알아보면 재미있을 것이다.

10

수학이란 무엇인가

생물학자들은 자기가 생화학자라고 생각하고,
생화학자들은 자기가 물리화학자라고 생각하고,
물리화학자들은 자기가 물리학자라고 생각하고,
물리학자들은 자기가 신이라고 생각하고,
신은 자기가 수학자라고 생각한다.

—

무명씨*

* 다음의 사이트 참조. http://math.utah.edu/~cherk/
mathjokes.html

이 책에서 우리는 여러 가지 수학을 살펴보았다. 그런데, 수학이란 무엇인가? 역사가나 화학자에게 역사나 화학이 무엇인지 물으면, 그들은 꽤 쉽게 설명해줄 것이다. 그러나 수학자들은 언제나 이 질문으로 고민한다. 대부분의 수학자들은 수학을 연구하는 동안에는 이런 질문을 신경 쓰지 않지만, 주말에 수학자가 아닌 사람들과 만날 때는 이런 이야기를 할 것이다. 단 몇 가지 예외를 제외하면 이 문제는 수학철학자라 불리는 작은 그룹이 다루는 전문 영역이 되었다. 이 질문에 대한 대답으로 선택할 수 있는 것에는 크게 네 가지가 있다.

첫 번째는 **수학적 플라톤주의**이다. 이것은 모든 사물이 어딘가 다른 세계에 존재하는 이데아의 부분적이거나 불완전한 모조품이라는 플라톤의 관점에서 비롯한다. 이런 견해에 따르면 수학적 대상, 집합, 곡선, 수, 거듭제곱 등은 실제로 존재하고, 우리는 그것들을 발명한다기보다 발견한다. 수학자들은 수학을 하면서 그렇게 느낀다. 수학자들이 오래된 문제를 푸는 새로운 해법을 찾아내면 자신의 통찰과 노력으로 이것을 발견해냈다고 생각하려고 하는 것에서 이런 경향을 발견할 수 있다. 그러나 이 철학을 깊이 들여다보면 기이한 구석이 있다. 모든 사물의 이상적인 '표본'들만 모여 있는 세계가 있지만, 우리는 그 세계와 전혀 교류할 수 없다. 아리스토텔레스는 이런 생각을 받아들이지 않았다. 그는 사물 속에 형상Form이 있고, 사물의 본성이 이 형상에서 나온다고 보았다(누군가에게 무엇을 알려준다거나 영향을 준다는 뜻의 단어 'inform'도 여기에서 나왔다). 그는 이데아 이론이 무한퇴행에 빠진다고 논박했다.

모든 사람들이 비슷한 이유가 공통적인 이데아의 사람을 닮기 때문이라면, 또 다른 원형을 가정하지 않고 어떻게 현실의 사람과 이데아의 사람이 비슷하다는 것을 알 수 있는가? 세 번째, 네 번째, 다섯 번째 원형에도 똑같은 추론이 적용되어서 점점 더 많은 이데아의 세계로 빠져들지 않겠는가?

또 다른 문제는 우리가 불완전하게 그린 삼각형과 평행선이 진정하고 완벽한 청사진의 부분적인 반영이라는 가정에 있다. 그것들은 완벽한 청사진의 불완전한 사례인가, 불완전한 청사진의 완벽한 사례인가? 존재할 수 있는 모든 수학적 대상은 플라톤의 '천국'에 이상적인 청사진으로 존재하며, 우리에게 발견되어 다운로드되기를 기다리고 있다.

플라톤의 철학은 기독교 전통 속에서 번성했고, 이 전통에서는 신이 우주의 전능한 입법자라고 믿는다. 수학은 신의 마음의 일부이고, 우주의 궁극적 진리의 일부이다. 수학은 우리가 진리의 기반암을 향해 가는 길의 가장 가까운 지점에 있다. 비유클리드 기하학 같은 것들이 발견되기 전까지, 수학은 우주가 존재하는 방식 그 자체였다. 인간은 우주의 궁극적인 진리를 알 수 없다고 신학자들이 비판하면, 궁극적인 실재의 일부인 유클리드 기하학을 우리가 배울 수 있다는 주장으로 물리칠 수 있었다. 수학자들은 진정으로 이렇게 믿으면서 연구하지만, 이것을 철학으로 만들어 방어하려고 하지는 않는다. 플라톤주의는 수학에 관련된 실재론의 한 형태이며, 얼핏 보기에는 평범하고 단순하지만 제대로 이해하려고 들면 아주 복잡하다.* 프레게,

---

* 모든 가능성과 문제들에 대해 다음의 사이트에서 좋은 개관을 볼 수 있다. https://plato.stanford.edu/entries/platonism-mathematics/ by Øystein Linnebo.

괴델, 칸토어, 윌러드 반 콰인, 로저 펜로즈 등이 수학
적 플라톤주의자이다.

요약하면, 수학적 플라톤주의는 수학적 대상(수 1, 2와
공식 1+1=2 같은 것들)이 존재하며, 추상적 대상들(이
는 그것들이 물리적인 영향을 주지 못한다는 뜻이다)도 존
재한다고 본다. 게다가 수학적 대상은 어떤 지적인 존
재가 그것들에 대해 생각하거나 말하는 것과 무관하게
존재한다. 수數는 우리의 생각과 무관한 실재의 일부이
다. 이런 관점에서, 우리는 지적인 외계인들이 우리와
같은 수학을 사용할 것으로 예상한다. 물론 그들의 수
학은 그들의 언어로 되어 있을 것이다. 어쩌면 그들의
'손가락'이 여덟 개여서 8진법 산술을 사용할지도 모른
다! 사실, 천문학자들이 전파망원경으로 수십 년 동안
수행해온 외계 지적 생명체 탐사SETI 프로그램은 우리
가 발견한 수학과 물리학이 보편적인 진리이고, 고등한
외계인들이 신호를 보내고 받을 능력이 있다면 그들도
같은 것을 알고 있으리라는 믿음을 바탕으로 한다.

플라톤을 애호했던 중세 유럽의 경향에서 벗어난 첫
번째 대안은 **수학적 형식론**이라는 철학의 발전이다.
우리는 이 책의 여러 장에서 이것을 보았다. 수학이 유
일하고 특별한 진리임을 보여주는 여러 가지 기하학
과 논리학이 번성하면서 이 철학도 함께 발전했다. 프

레게, 페아노, 러셀, 화이트헤드, 힐베르트 같은 수학자들이 자명하고 모순이 없는 공리의 단일한 집합으로부터 모든 수학을 끌어내려고 했다. 그들에게 수학적 진리 또는 '존재'는 단순히 무모순성을 말하는 것이다. 그들은 수학과 물리적 실재의 대응에 대해서는 아무 관심이 없었다. 수학은 체스나 바둑이나 존 콘웨이John Conway의 생명 게임처럼 규칙과 출발점이 있는 '게임'이었다. 우리는 페아노가 산술을 어떻게 다루었는지 보았다. 수학은 단순히 출발점에서 시작한 '게임판'에 놓인 말들의 배치일 뿐이다. 보드 '게임' 밖에서 이 배치는 아무 의미가 없다. 힐베르트는 판 위에서 허용된 모든 배치들(정리 또는 공식)은 출발점에서 시작해서 유한한 '수手, moves'로 도달할 수 있음을 증명할 수 있다고 생각했다. 판 위의 배치가 주어지면, 출발점으로부터 규칙을 이용해서 그 배치에 도달할 수 있는지 알아낼 수 있다. 그 과정에서 모순은 없었는지도 점검해야 한다. 어떤 규칙이 A도 참이고 그 부정도 참이 되도록 허용한다면, 그것으로부터 $1 = 2$를 증명할 수 있게 된다. 힐베르트는 자신의 프로그램이 완성될 수 있다고 확신했다. 그러나 힐베르트는 틀렸다. 우리는 앞에서 괴델이 이 목표가 불가능함을 증명한 것을 보았다. 논리 체계가 산술과 같은 복잡성에 도달하면, 힐베르트가 간절히 원했던 것은 증명할 수도 없고 반증할 수도 없다. 이것은 체스의 말들이 규칙에 어긋나지 않게 배치되어 있지만, 어떤 배치에서 출발해도 그 배치로 갈 수 없는 상황과 같다. 체스는 수학적인 진리와 마찬가지로, 증명보다 더 크다.

많은 수학자들이 형식론자이다. 특히 순수 수학자들이 그러하다. 그들은 자신들이 연구하는 수학을 과학이나 실세계의 다른 측면들에 응용하는 데 관심이 없을 수도 있다. 이런 수학자들은 헤르만 헤세의《유리알 유희》 창시자처럼 방대하고 복잡한 수학적 구조를 탐구하면서 즐길 것이다. 형식론자들에게 수학은 발명되는 것이지 발견되는 것이 아니다. 우리가 규칙을 정하고, 공리 집합의 귀결을 탐구한다. 추론된 것은 우리의 마음속과 우리의 공책 속, 그리고 칠판에만 존재한다.

수학철학의 세 번째 가닥은 **구성주의**Constructivism이며, **직관주의**Intuitionism라고 부르기도 한다. 이 견해를 강력하게 옹호한 사람이 독일의 레오폴트 크로네커Leopold Kronecker와 자신의 사고 방식을 극단으로 몰고 갔던 네덜란드 수학자 라위천 브라우어르Luitzen Brouwer였다. 우리는 그들의 견해가 칸토어의 입장과 충돌하는 것을 보았다. 칸토어의 무한은 그것이 살아갈 플라톤의 천국이 필요하다. 구성주의는 수학적 진리의 범위를 축소시킨다. 이것은 공리에서 출발해서 규칙을 **유한한** 횟수로 한 단계 한 단계 적용해서 증명할 수 있는 수학적 명제만 '참'으로 간주한다. 구성주의 수학은 플라톤주의의 통상적인 conventional 수학보다 범위가 좁다. 전통적인 비구성주의적 증명 방법을 거부하기 때문이다. 전통적인 수학에서는 유한한 단계에 의해 명시적으로 구성되지 않고도 수학적 대상이 존재할 수 있다고 본다. 구성주의자들이 이러한 '증명'을 배제하고 싶어 하는 이유는, 어떤 논리적 오류가 일어나서 그 오류가 수학 전체에 번져 모든 것이 단숨에 무너질 것을 염려하기 때문이다. 이것은 고대 그리스의 수학자들이 '영'을 받아들이지 않았던 이유와 비슷하다. ('어떻게 무가 무언가가 될 수 있는가?') 구성주의자들은 어떤 것을 참으로 가정하고 나서 이 가정으로부터 모순을 추론해 이것이 참일 수 없다는 결론을 얻는 증명을 받아들이지 않는다. 기원전 4세기의 유클리드는 이 방법으로 깜짝 놀랄 정도로 뛰어난 증명을 해냈지만 말이다.

유클리드는 소수가 무한히 많다는 것을 보여주고 싶었다. 그는 이것이 거짓이라고 가정했다. 그러니까, 가장 큰 소수 p_{max}가 있다고 가정했다. 이제 p_1, p_2, p_3, $\cdots$에서 p_{max}까지 모든 소수를 곱한 다음에, 여기에 1을 더

한다. 그 결과로 다음과 같은 수가 나온다.

$$Q = p_1 \times p_2 \times p_3 \times \; \cdots \; \times p_{max} + 1$$

Q는 소수이거나 소수가 아니거나, 두 가지 경우가 있다.

- Q가 소수인 경우: Q는 p_{max}보다 큰 소수가 된다. Q를 소수의 유한한 목록 p_1, p_2, p_3, $\cdots$, p_{max} 중에서 어떤 소수로 나누어도 1이 남기 때문이다.
- Q가 소수가 아닌 경우: 이 경우에 Q는 소수인 약수 q를 가지며, 이번에도 Q는 p_1, p_2, p_3, $\cdots$, p_{max} 중에서 어떤 소수로 나눠도 1이 남기 때문에, q는 p_{max}보다 크고 $p_1 \times p_2 \times p_3 \times \; \cdots \; \times p_{max} + 1$보다 작은 소수이다.

이렇게 해서 Q는 그 자체로 p_{max}보다 큰 소수이거나, p_{max}보다 큰 소수를 약수로 가진다. 따라서 가장 큰 소수가 있다는 처음의 가정이 거짓일 수밖에 없다. 유클리드의 증명을 더 잘 이해할 수 있도록 구체적인 예를 살펴보자.

먼저 가장 큰 소수가 5라고 가정하자. 그러면 $2 \times 3 \times 5 + 1 = 31$이고, 이 수는 5보다 큰 소수이다.

이번에는 가장 큰 소수가 13이라고 가정하자. $2 \times 3 \times 5 \times 7 \times 11 \times 13 + 1 = 30031$이다.* 그러나 $30031 = 59 \times 509$이며, 두 수가 모두 13보다 크다. 그러므로 이번에도 13이 가장 큰 소수라는 처음의 가정에 모순이 생긴다.

여기에서 주목할 점은, 언제나 더 큰 소수가 존재한다는 것을 유클리드가 구성적인 절차에 의해 명시적으로 보여주지는 않았다는 것이다. 다만 더 큰 소수가 존재하지 않으면 모순이 생긴다는 점을 지적했을 뿐이다.

구성주의는 형식주의자들의 감각으로도 완벽하게 타당하지만, 결코 수학자들의 인기를 끌지 못했다. 구성주의의 규칙 안에서는 참인 것의 범위가 너무 좁아서, 칸토어의 무한과 같은 수학의 온갖 흥미로운 주제들이 모두 배제되기 때문이다. 이것을 은유적으로 표현하면, 한 손을 등 뒤로 묶고서 수학을 하는 것과 같다. 그러나 1950년대 중반에 컴퓨터 프로그래밍이 수학의 구성주의적 접근의 중요한 본보기가 되기 시작하면서 이 철학은 더 적절한 자리를 찾게 되었다. 그러나 형식주의는 수학과 물리적 세계 사이의 관계에 아무

---

* 인접한 여러 소수의 곱에 1을 더해서 만들어지는 수를 유클리드 수라고 부르며, 30031은 유클리드 수 중에서 소수가 아닌 최소의 수이다.

관심이 없고, 수학이 완전히 인간 정신의 구성물이라고 생각한다.

현대에는 **사회 구성주의**social constructionism라는 것이 구성주의에서 갈라져 나왔다. 이 관점에서는 수학을 사회적 구성물로 본다. 이제 객관적인 지식은 집단적인 지식과 사회적 상호작용을 통해서 진화하고 성장한다. 따라서 수학은 절대적인 텍스트나 정리의 모음이 아니라 국가 기관의 법적 이해理解나 헌법의 해석 같은 것이며, 혹은 우주론 연구 같은 것이다. 수학은 많은 정신들 속에 조금씩 흩어져서 존재하는 그 무엇이다.* 수학의 일부가 되기 위해서는, 많은 수학자들에게 인정을 받기만 하면 된다.

수학철학에서 마지막으로 살펴볼 조류는 **구조주의**structuralism이며, 내가 보기에는 이것이 가장 도움이 되는 견해이다. 이 관점에서는 수학이 수 자체에 대한 것이라기보다 숫자들의 패턴 또는 관계의 모임에 대한 것이라고 생각한다. 누군가가 수학이 왜 그렇게 자주 여러 분야에서 나타나는지 알 수 없다고 말한다고 하

---

*   P. Ernest, *Social Constructivism as a Philosophy of Mathematics*, State University of New York Press, Albany, 1998; R. Hersh, *What is Mathematics Really?*, Vintage, London, 1998.

자. 수학은 세계의 거의 모든 것을 설명한다. 수학은 물리학, 천문학, 공학을 특히 잘 설명하고, 사회과학, 심리학, 인문과학에 대해서는 설명력이 떨어진다. 내 생각에 바른 대답은 수학은 가능한 패턴들의 집합이고, 그중 어떤 것들은 세계에 확연히 드러난다는 것이다. 행성의 궤도나, 물질의 기본 입자들 사이에서 일어나는 상호작용의 대칭성 또는 패턴과 같은 것이 그러한 예이다. 그러나 복소수와 같이 즉각 알아보기 어려운 것들도 있고, 끝없이 상승하는 칸토어의 무한처럼 자연이 사용하는 예가 아직은 발견되지 않은 경우도 있다.

그러므로 수학이 자연과학에서 잘 '작동하고', 그 법칙들과 결과들을 기술하는 것은 당연하다. 우주에 패턴이 없다면 우리는 존재할 수 없다. 만약 그렇다면 우주는 진정으로 텅 빈, 구조가 없는 공void이 될 것이다. 패턴이 있어야 한다면, 그것을 기술하는 수학이 있어야 한다.* 그러나 그렇다고 해서 물리학자 유진 위그너가 '자연과학에서 수학의 비합리적인 효율성'이라고 불렀던 수수께끼가 풀리는 것은 아니다.† 수학은 가능한 모든 패턴을 기술하므로, 수학이 자연 세계에 나타나는 패턴을 설명하는 능력이 있다는 것은 전혀 이상하지 않다. 그렇다고 해도 이 수수께끼는 사라지지 않는다. 어떻게 해서 단순한 패턴 몇 가지가 우주를 이해하는 강력한 도구가 되는지 설명되지 않기 때문이다. 우주는 지금보다 훨씬 더 복잡하게 만들어질 수 있었고, 오늘날 우리의 정신이 이해할 수 있는 것보다 훨씬 더 복잡해질 수도 있었다. 폴 디랙이 이 주제에 대해 남긴 말은 무척 흥미롭다.

> 수학은 수학자들이 정한 규칙에 따르는 게임이다. 물리학은 자연이 정한 규칙에 따르는 게임이다. 흥미로운 점은, 자연이 정한 규칙들이 수학자들이 정한 규칙들과 똑같아 보인다는 것이다.[‡]

놀랍게도, 많은 경우에 우리는 주변 세계를 이해하는

---

[*] 거의 모든 수학 정리가 튜링적인 의미에서 계산 불가능하다 하더라도, 세계는 여전히 수학적일 것이다. 하지만 만약 그렇다면 우리에게는 비구성적인 증명과 정리들만 있을 것이며, 이것들은 우리가 보는 것들을 계산하는 알고리즘을 만드는 데 도움이 되지 않을 것이다.

[†] E. Wigner, "The Unreasonable Effectiveness of Mathematics in the Natural Sciences", in *Communications in Pure and Applied Mathematics*, 13, No. 1, John Wiley & Sons, New York, 1960. 나는 이 진술에 대해 '사회과학과 정치과학에서 수학의 비합리적인 비효율성'이라는 흥미로운 표현을 덧붙이고 싶다.

[‡] P.A.M. Dirac, *Proc. Royal Society of Edinburgh*, 59, Part 2, 124, 1938-9.

과제를 아주 잘 수행한다. 우리의 정신은 많은(그러나 전부는 아닌) 측면에서 우리가 대처할 수 있는 복잡성을 가진 환경 속에서 진화했다. 우리는 패턴에 민감하며, 본능적으로 패턴을 찾아낸다. 그러한 능력이 생존에 도움이 되기 때문이다. 패턴에 대한 우리의 감수성을 외부로 꺼내어 구체적이면서도 추상적인 수학의 세계로 내보내는 것, 그리고 패턴 연구, 수학 연구, 궁극적으로 자연법칙의 연구는 그저 $1+1=2$를 사색하면서부터 시작되었다. 그리고 이 탐구는 끝없이 계속된다.

1 더하기 1은 2인가

1 + 1 = 2